自我囚禁的人

完美主义的心理成因与自我松绑

陈俊钦 / 著

目　录

序　故事的开始 / 001

第一章　什么是完美主义？ / 001

　　　　早期经验对于"自我期待"影响深远 / 006

　　　　完美主义的定义 / 009

　　　　检视你的完美主义行为 / 013

　　　　三大人格分类下的完美主义者 / 027

第二章　完美主义是怎么产生的？ / 049

　　　　过高的期待，来自被内化的"有条件的爱" / 053

　　　　自卑感将造成——今天的你必须更加努力 / 063

现代多维度模型 / 072

没有比较好或比较坏的完美主义 / 078

第三章　如何与你的完美主义和平共存？ / 081

完美主义不是一种缺陷 / 084

C型人格（追求安全型）——善用团队与权威的联结 / 087

B型人格（渴望认同型）——从认识自己到收敛心神与防控 / 093

熟悉驾驭完美主义的方法——从改善焦虑开始 / 098

处理过高的自我期待 / 119

提升过低的自我评价 / 133

让完美主义成为你的助力 / 146

第四章　与自己的完美主义对话 / 153

跟分数赛跑的试炼——考场 / 156

复杂的竞争与阶层——职场 / 167

在看过你脆弱的人面前——伴侣关系与婚姻 / 177

孩子得不到满分的难题——亲子教育 / 186

卸下世俗成功的光环以后——退休生涯 / 193

第五章　协助亲友走过完美主义 / 203

八句千万不能讲的话 / 207

成为完美主义者的后盾 / 213

跟对方的完美主义对话 / 219

后记　跟不够完美的自己站在一起 / 226

序　故事的开始

"我一直担心自己表现不好，能力还不够，为了把领导交代的事情做到最好，我会一遍又一遍检查，明知道已经没问题了，还是会继续反复确认……"

"医生，这是我这个礼拜第三次做同一个梦了。"一位约莫三十岁的年轻女性讲述着最近的困扰。她身穿白衬衫、蓝长裤，外加一件浅棕色的西装外套，画了个淡妆的脸庞上眉头深锁。"我梦见自己在考试，铃声就快要响起，我拼命地写，题目却怎么也看不懂，底下全是空白。又或者因为写错字，想拿修正带，笔袋却打不开，我用力扯拉链，突然间，笔袋裂开，东西掉满地,我才醒了过来……"

"这是考试情境的焦虑,表示你至少在人生的某个阶段很在意成绩所带来的肯定。只不过时隔多年,再度被某件事激发了。"我想了想,"醒来后,还有办法再入睡吗?"

"可以,"女子侧着头,思考了一下,"不过前天醒来时,头很昏,一时之间也睡不着,我看着窗外,发现天还是黑的,除了老公规律的鼾声,好像全世界都安静了下来,我突然有种被抛下的感觉,一想到白天的工作,越想就越焦躁,继续躺也不是,起来也不是,心情糟透了。"

"这种心情会延续到白天吗?"

"撑到天亮上班后就没事了。"

睡眠障碍包含三种。其中,接近天亮才引起的迟发性失眠(late night insomnia)是重度抑郁症的征兆,通常个案会叙述自己比平常早两个小时以上清醒,醒来的时候心情特别差,不知道要怎么面对接下来的一天。这种低落情绪在天亮后会开始减缓,到了晚上才改善,呈现出昼夜变化(diurnal variation)的规律。这种类型的抑郁症个案基于人格特质等因素,特别容易被忽略。

不过,女子的穿着打扮尚称得体,对话也流利自如,应该还不至于到患病程度。基于职责，我还是筛检了一遍抑郁的症状。状况还好。看起来，我应该是捕捉到了一个长期焦虑后，正要转变为抑郁的早期个案。

"梦境是潜意识给你的警讯，告诉你目前的压力值已经到达临界点。你长期处于焦虑状态，就像一颗灯泡持续燃烧自己，几乎快要烧坏了，只要偶尔接触不良，就会陷入那无法再度入眠的早晨，感觉被世界抛下，空虚、寂寞、烦躁，但因为还没完全烧坏，还是能慢慢恢复正常，一旦完全烧坏，就真的会跌落抑郁的深渊了。"

"为什么会这样？我不觉得我焦虑啊？"

我笑了笑，回应她："你观察一下自己的坐姿。"

女子愣了一下。

"你背后是一条长沙发，你大可坐好、坐满，甚至往后靠，但你只坐了三分之一，身体往前，宛若随时要起身，甚至你还转过来对着我，这充分显露了你重视与你对谈者的感受，但代价是重心全压在左侧臀部与腿上，上半身也是向右倾斜的。"

女子思索了一段时间。"你说的话好像有道理。我经常肌肉酸痛、头痛或肩颈酸痛，怎么办？这是焦虑的反应吗？"

"是长期焦虑下的结果,除了感觉不到焦虑,也不会注意到自己姿势扭曲。不过,刚刚你说过,这份工作已经做了三年多,如果这是工作习惯,倒也很难解释你最近加剧的症状。"我说。

"会不会是跟几个月前我升职有关?"

"有可能。但升职为什么让你这么焦虑?"

女子沉吟许久。"我一直担心自己表现不好,现在被升起来当组长,还要带组员,我觉得自己能力还不够,实际上也管不动,感觉有点沮丧。"

"你觉得自己凭借什么升职的?"

"我会把交办的事情做到最好,让上司挑不出毛病,带过我的人通常都很欣赏我。"

"你怎么把事情做好的?"

"我会一遍又一遍检查,明知道已经没问题了,还是会持续反复确认,有时候会把自己弄得很累,同事都说我有完美主义——你说得对,我以前压力应该就很大。"

"现在呢?"

女子叹了一口气。"看着组员在做事,有些时候会恨不得把事情抢过来自己做。他们不仅爱做不做的,连最基本的内容也会出错，我光是订正就忙不完，又不敢责备他们，怕伤了和气。想想就生气。"

"我先生也是一样，"女子话锋一转，"他满脑袋都是稀奇古怪的主意，一下子想做这个，一下子想做那个，总把每件事情想得很简单、很美好，还要我辞职跟着他去闯。我照实说出我的感觉，他就说我泼他冷水；顺他的意，叫他先辞了工作，做出点成绩再说，他又不敢。"女子越说越火大。"他在外面就靠那张嘴，不管遇到什么事，都只会讲没问题，揽了一堆事情回来之后，就丢着不管，问他还会被凶，说什么现在心情不美丽，不是做事的最佳时机，总是要拖到最后期限，才会连续熬夜把工作赶出来，常常需要我在后面收拾烂摊子。"

女子打开话匣子，抱怨了一大堆，看来不只工作，家庭生活也大有问题。我本来只是静静地听着，直到女子猛然停下，对我说："不好意思，跟你抱怨一大堆。"

"没关系。你压力太大了，蜡烛两头烧，我也是刻意让你多说一些的——要不要再看一下你现在的坐姿？"

女子正靠着椅背，仰躺着，双手枕着头。听闻我的话，她才猛然抬起头。"真的啊，跟刚刚完全不一样。原本僵硬的感觉放松了许多。"

"记住这个感觉。完美主义并非坏事,但不要让它拖垮你的身体。"

"医生,有人说我完美主义到生病了。这是真的吗?"

"完美主义其实是一种很复杂的现象,不能这么简单地归类成'有没有生病'。我们都以为小心翼翼、反复检查、要求严格就是完美主义,事实上,爱讲大话、信口开河、临阵脱逃,也是另一种非典型、潜在的完美主义。说来你或许不信,你先生可能也是个完美主义者。"

"他也是?"女子惊呼,露出不敢置信的神情。良久,她才问:"那到底什么是完美主义?"

第一章

什么是完美主义？

当一个人的"自我评价"与"自我期待"脱钩，他就必须使用各种方式去控制焦虑，呈现出来的，就是形形色色的完美主义行为。

第一章　什么是完美主义？

在大多数人的习惯用语中，完美主义通常用来描述一种"吹毛求疵""过度要求细节""不能容忍差错"或"愿意为了追求想象中的完美而付出大量的时间与精力去修正"的行为特质。

由于完美主义不是一种疾病，没有医学上的诊断标准，我们不妨透过维基百科来获得一个较为完整的理解——

> 完美主义（perfectionism）是指一种不断追求精准且完美的性格，伴随着自我否定和对他人评价的关注。它有着积极与消极两个方面。病态的完美主义使人追求过高且无法实现的目标，并在他们失败时带来极大的痛苦，导致多种形式的适应问题；而正常的完美主义能带给人们追求目标的动力，同时给他们带来乐趣。

这段叙述作为定义还不够严谨，但已经明确指出完美主义最核心的本质：**"追求精准且完美"**与**"伴随着自我否定与对他人评价的关注"**——这是什么意思呢？

正常状态下，一个健康的个体，其"自我期待"跟"自我评价"是互相联结的。举例来说，倘若我认为自己的运动能力过人，在体能的训练上一向优于常人，那么，当我学习游泳一段时间后，在没有太怠惰的情况下，怀抱着参加比赛拿奖牌的期待，应该是合情合理的；反之，如果我觉得自己生来反应比较慢，动作不协调，从小学起，体育课上就常常是大家嘲笑的对象，那我相较之下，不太可能去参加校篮球队，更不会怀着日后成为运动明星的梦想。

我们会不断对自己的能耐做出评估，产生所谓的"自我评价"，形成适当的期待。

如前所述，"自我评价"与"自我期待"是紧密相连的。倘若我们觉察到自己在从事一件不擅长的事，就会把期待降低一点；假使发现自己做起来得心应手，就会把期待拉高一些。将两者紧紧地绑在一起的，就是所谓的"现实感"。

如果基于某种原因，两者中任何一方出了问题，例如："自我评价"故障，你的运动细胞发达，却深信自己很平庸；

或者"自我期待"有误,实际是一百米跑二十一秒,你却认为自己生来就是个运动明星——那会怎么样呢?

结果就会引发焦虑。两者脱钩的程度越大,差距越远,焦虑也就越强烈。强烈的情绪会激发一连串的调适策略,如疯狂练习、不敢面对现实、不断转换跑道等**来消除"自我评价"与"自我期待"之间的矛盾**。造成的结果,就是所谓的完美主义。

自我囚禁的人 / 完美主义的心理成因与自我松绑

早期经验对于"自我期待"影响深远

生命早期的经验，影响我们成长后的"自我期待"至深且远。和大家分享一个可能曾经发生在你我或周遭亲友身上的故事。

从小目睹父母不和、经常吵架的小孩，在小学二年级的一次月考中，意外拿到全校第一名，当时的杰出表现让父母停下争吵，露出了宽慰的笑容。从此，她决定拼命念书，因为这是小小年纪的她，唯一能让家庭暂时恢复和乐的办法。她不只在学业上力求第一，在校内演讲、美术比赛等各式各样的竞赛中，都会设法拿到冠军。遗憾的是，失控的父母有时还是会把怒气发泄到她身上，说她遗传到对方的基因，生来就是一副讨人厌的模样。

多年过去，父母年纪都大了，也不再争吵，而成年的她，也渐渐遗忘了小时候的事，变成了一位优秀的职场女性。然而，她却深受完美主义之苦，总是要把任何事都做到最好，没有办法停下来，每一份报告总是反复修改，所有细节都要做到最完美才行。直到求助于心理咨询，她才发现上述隐藏在她生命早期里的秘密。

追求完美的背后

这位年轻女性的"自我期待"出现了障碍,问题可以追溯到儿时对父母冲突的深层恐惧。当时还是小女生的她根本不知道父母在吵些什么,她只知道"提高表现水平"与"父母停止吵架"有因果关系,就像实验室中那只按了杠杆就会收到食物的小白鼠,将会持续按着杠杆——即便机器后来不再掉出食物也一样。[1]

而她的"自我评价"也同样受到了伤害。尽管已经做出最大的努力,但因吵架而盛怒的父母,照样会把她连同对方一起责骂,这种批评的力量已经内化到她心底,成为强烈的自我贬低——女子就像受惊吓的小动物,成功经验联结了大量的否定,看似越顺利,越是恐惧;不知道漫天盖地的批评会在何时何地冒出来。她只能不断怀疑自我,相信自己一无是处,以免得意忘形时,冷不防一个暗箭射出,让她伤得更重、更深,就

---

[1] 指的是1938年的斯金纳箱实验。美国心理学家斯金纳将一只饥饿的小白鼠放置在箱子里面,箱中有一个可供按压的杠杆,小白鼠按下就会出现食物。若干次重复后,小白鼠形成了压杆取食的条件反射。

像小时候看似平静的家,随时会引来一阵飙骂。

此时,"过低的自我评价"与"过高的自我期待",就变成了她最大的焦虑源,她只能不断努力、反复检查、专注于细节、力求完美,来对抗内心的焦虑——于是变成了世俗眼光中的完美主义。

典型VS隐性完美主义

每个人基于人格特质,面对压力的反应都不同,如果她采用的调适策略是:自命不凡、不屑于眼前的事务、轻言承揽过多的责任,届时又撒手不管,或者快速转移阵地、另起炉灶、始终不愿意面对现实、活在自己的世界里,既自大又自卑,这时,她就会表现出另一种非典型的"隐性"完美主义(后面会再详述)。

完美主义的定义

造成"自我评价"与"自我期待"失去联结的可能性有很多种,如原生家庭创伤、同伴排斥、学习挫折、社会经济条件过低或过高、被给予的资源过少或过多等,原因不计其数。我们会在第二章进一步讨论"完美主义的成因",现阶段,我们只要知道:不管原因为何,**只要一个人的"自我评价"与"自我期待"脱钩,他就必须通过各种方式去控制焦虑**,呈现出来的,就是形形色色不同的完美主义行为。

过低的"自我评价"

每一位完美主义者眼中的自己,都是不够完美的。因为他对自我的评价产生了扭曲,透过这副扭曲的眼镜看自己,永远看不见优点,找不到价值。他对于自身的成功,也总是习惯**"外部归因"**,亦即把所有成功归因于跟自己无关的外部事物,例如:运气、侥幸、别人的帮忙、大家不忍嫌弃、朋友们的耐心包容,等等。

然而,由于外部因素并非掌握在自己手里,完美主义者在一切安定以前，总是没有办法真正放下心来。他们充其量可以达到理性上的"认知"，知道自己已经表现很好，在感性上却始终存在着疑虑，担心有些什么问题还没被发现，或是将来会遭到别人的否定甚至嘲笑。

过高的"自我期待"

有些时候，完美主义者的自我评价并不差，但对自己的期待却太高了，一旦达成某项成就，立刻就把标准再往上提升，让自己永远没有停下来休息的一刻。

这种过高的自我期待背后往往隐藏着某些恐惧，例如：因为自满而失败、害怕被人追赶上、怀疑眼前的成就只是在自我欺骗，等等。如果深究其形成的原因，往往会找到一些内化的外部动机，如前举例的女孩在童年时期为了家庭和乐而力求表现优异。

值得一提的是，不一定在资源匮乏或者童年被剥夺安全感（原生家庭障碍、霸凌事件等）的人身上才会出现过高的自我期待，即使原生家庭资源丰沛、与同伴关系良好的人身上也会出现相同的问题，而且随着社会经济的进步发展，比例有越来越高的趋势。这一部分，由于涉及较复杂的心理历程，在后续的章节中，我们会做更为详细的说明。

焦虑调适策略

当"自我评价过低""自我期待过高"，或两者无法彼此联结协调，焦虑就产生了。根据心理学大师弗洛伊德在精神动力学中的看法，焦虑是一种警讯，它表示来自内心的冲突已经无法通过潜意识的心理防御机制来加以消除了，必须进入意识层，形成所谓的焦虑，督促着自我（Ego）必须立刻做些什么改变，也就是所谓的"调适策略"，以缓和内心冲突对我们的伤害。

你可以把完美主义的表现形式（调适策略）当成一种控制焦虑的工具，而世界上的工具有千万种。常见的调适策略包括以下：

- 反复检查修正。
- 讨好与寻求认同。
- 画更大的大饼。
- 拖延。
- 转移阵地。

- 直接宣泄情绪。

平时我们最常看到的完美主义行为应当属于"反复检查修正",其次是"拖延",这构成了我们对完美主义的典型印象;其他的方面,则属于隐性的完美主义,较少被人所注意,但实际上,它们出现的概率远比一般人想象得还高。

在此必须强调的是:调适策略只是自我控制焦虑的工具,并无好坏之分。"反复检查修正"固然会让自己更加疲累,却也会降低错误发生的概率;"拖延"可能会耽误工作的进度,但也能让人等待情境改变,更加缜密地思考轻重缓急;甚至连"直接宣泄情绪"都有可能通过团体动力的改变,从而终止一场原本正在发生中的职场霸凌。因此,在不同的社会情境中选用适当的调适策略,将大幅度影响纾解压力的效率与社会观感,这取决于当事人的经验、智慧与人格特质——而调适策略本身则是中性的。

检视你的完美主义行为

透过完美主义的本质，应该能进一步分析完美主义者的特征。

然而，偏偏完美主义很难用"特征"来形容。由于完美主义是一种内心状态，人们为了对抗焦虑，各展神通，因而采取不同的工具（调适策略）去面对。工具不同，表现结果也就各异，差异之大，几乎难以让人联想在一起。举个例子：

> 晓华对于工作经常拼尽全力，没做到满意决不罢休，即便完成了，照样改了又改，修了又修，反复检查几十遍；昭明一想到报告要交就心烦，不断拖延，直到最后一刻，才连续几天不睡觉地匆忙把报告赶完；志文则是一派轻松，嘲讽工作太简单，认为自己这么优秀的人，不该浪费时间、精力在这种琐碎的"小事"上。

晓华采取的调适策略是："不管自我期待有多高，我就是靠加倍努力来做到。"昭明的策略是：

"反正再怎么努力，我都不会满意，不如拖到最后一刻赶工，让自己没时间想太多。"志文更干脆，他直接贬低眼前的工作，以抬高自己的格调，他因为"不屑"而没做，当然也就没有做得好不好的问题了。

大家应该不难发现，同样是完美主义，前述情境却有三种矛盾的特征：极度努力，无法休息；能拖就拖，应付了事；只会批评，就是不动手。

因此，为了更深入掌握完美主义，我们引入"动态历程"这个概念来强调：人是活的，面对问题时，每个人会依照自己的性格，构建出独特的应对方式。同样地，完美主义在相异的人身上，也会呈现为多种截然不同的形态。

基本上，所有的完美主义历程，都要经过下列"三部曲"：

- "有条件的成就情境"出现。
- 因"自我评价"与"自我期待"的失调而产生大量焦虑。
- 采用不同的"调适策略"，形成各式的完美主义行为。

"有条件的成就情境"出现

所谓"有条件的成就情境",指的是在有附带条件之下而能获得成就的情境。简单来讲,就是一个"机会"——**你若能达成一定的条件,就有可能获得某些好处**;然而,如果你没满足该条件,机会之门就会关上,你将一无所获。

"有条件的成就情境"普遍存在于我们的生活之中,从求学、就业、组织家庭,处处都是带有条件的成就情境。例如:成绩够好,才考得上好学校;绩效与人际关系够好,才有升职的机会;做好一个称职的父母,亲子间的关系与小孩的表现才会符合你的期待。

"有条件的成就情境"时时刻刻挑拨着我们的心绪,在耳边悄悄地说:"你可以更好,为什么不要呢?"等我们怦然心动后,却又敛起笑容,正色地说:"如果你想要,说说看,你凭什么呢?"

如果说,"你可以更好"勾动着我们的自我期待;而"你凭什么呢?"就是让我们低下头检视自我评价了。

没有"有条件的成就情境",就不会有完美主义者。举个例子来说,面对夜半住家失火,呛眼的浓烟四窜,警铃大作,黑暗中，只见隐约冒出的火舌、惊慌叫声、坍塌声、烧灼声与不知于何处的烈焰袭人混作一团。此刻，就算是严重的完美主义者，照样是逃命要紧，跟所有人一样：如有亲人，在意亲人安危；如仅是自己，则惊魂未定，呆立一旁。至于能不能以优雅的姿态逃出来，能不能在记者采访时镇定自若地陈述过程，穿搭是否合适，这些通通不是重点——因为，夜半失火是"无条件"的"非成就"情境，在生死攸关之际，对于置身其中的受灾户而言，几乎不太可能通过它来获得表现的机会。

然而，对于一位报道该场恶夜大火的年轻记者而言，意义可就不一样了。一段扣人心弦的现场采访，一场洞烛机先的深入报道，在消防人员与友台都还没掌握到任何讯息之前，就发现起火原因与多年管理不善的情况，这里处处藏着让他"表现与被看见"的机会。这场大火对于该位年轻记者而言，不折不扣是个有条件的成就情境，**但情境能带来的"利益"越大，"条件"就越苛刻**（在友台竞争中脱颖而出），被挑起的完美主义也会越强烈。

因此，完美主义者不是时时刻刻都是完美主义者，相反地，只有在事发当下，从他的身份、立场与叙事角度，事件是以"有条件的成就情境"出现，其内心的完美主义才会被触发，从而出现各种完美主义的行为。

因"自我评价"与"自我期待"的失调而产生大量焦虑

在有条件的成就情境下，主导情绪的两大力量："**贪婪**"与"**恐惧**"会开始起作用。因为贪婪，我们期待表现杰出、获得肯定、赢得利益与掌声；却又因为恐惧，我们害怕自己做不到，甚至失去更多。

倘若拥有较高的自我期待，同时，也具备较佳的自我评价，这样的组合将会驱使我们贪婪，力求表现，想从"有条件的成就情境"中赢得更多好处，因为我们相信这是一个机会，而且我们有能力实现这个梦想。

相反地，如果自我期待不高，而自我评价也偏低，我们就会因为恐惧失败而趋于保守，什么都不要做最好——反正，没有期待就不会有伤害，既然自己要的不多，又何必冒险追求表现，增添受伤害的风险？

无论是前者还是后者，都是人类理性的行为，也都是"自我期待"与"自我评价"紧密相随的结果，为人类的心理健康带来了强大的保护，让我们知所进退。

然而，如果"自我期待"一路向前冲，"自我评价"却远远落在后面，两者完全脱钩呢？"焦虑"就会在这个时刻产生，一旦超过潜意识层的自我保护机制（心理防御机制）所能消化的份额，焦虑就会大量浮现到意识层，让人出现心浮气躁、坐立难安、难以思考、注意力不集中、记忆力减退、心跳加速、呼吸困难、口干舌燥、尿频等症状。照通俗的讲法，这就是所谓的"自律神经失调"。

人们会根据其人格特质，启动不同的"调适策略"，进而出现不一样的行为反应。但有些人即便开启调适策略，还是压不住焦虑，此时，焦虑就可能直接以**"情绪的原型"**表露出来，例如我们常说的"暴躁型的完美主义者"，其实就是指因"调适策略能力太差"而导致焦虑多数以暴躁情绪直接外显的人。

采用不同的"调适策略"，形成各式的完美主义行为

不过，绝大多数的完美主义者，终究会找到属于自己的"调适策略"，但是基于种种原因，诸如人格倾向、个人经验、自我增强、学习典范不同，等等，每个人采取的行动都不太一样，而这些行动本身，才是完美主义者的特征或症状。

以下大略说明常见外在表现（调适策略）的心理成因。

①更加努力、反复检查修正，造成弹性下降

这是最典型，也是为数最多的完美主义者的行为反应（调适策略）。这种类型的人怀抱着一个"过高且缺乏弹性"的"自我期待"，也就是说，他们不只是"自我期待"过高，而且还不太能区分轻重缓急。甚至只要是自己分内的事，他们都会用同等的过高标准去看待。

简单举个例子。面对一场例行性的组内简报，由于规模不大，又没有外宾，重点应该放在如何有效地将工作内容传达给其他人，至于文档的底图颜色、格式、字型与字体选用，只要不妨碍与会者阅读，一般来说不至于构成太大的问题。但是对于此类完美主义者而言，不只内容要丰富、讲演要精彩，连文档的设计细节也相当重视，即便时间已经来不及了，他们也会想要以高标准来完成每一个细节。

这种缺乏弹性的高标准，其实隐含着一个**相对低落的"自我评价"**：正因为对自己不满意，所以才会认为做出来的每件事通通不及格，需要一改再改。换句话说，这种类型的完美主义者把此时此刻的自己看得太差，又把对于未来自身的期望放得太高，为了弥补两者之间的落差，只好通过疯狂努力与不断

修正来克服。

有趣的是，大多数人能承认自我期待过高，却不太能意识到自我评价过低。即便被问及："如果你对自己是有信心的，那为什么还要一改再改？"他们也会以各种冠冕堂皇的理由来搪塞。

由于缺乏弹性，此类完美主义者的做事效率往往容易受到限制——因为浪费太多时间在无意义的细节修改上，而这种低效率带来的时间窘迫又加深了自己的焦虑。在少数严重的案例中，还会发生这样的情况：本应降低焦虑的调适策略反而加剧了焦虑，造成内心冲突更加严重，形成恶性循环，最后导致疾病的产生。

②向外讨好与寻求认同

当完美主义者面对"自我评价不足"，除了上述的努力，有些人还会设法通过他人的认同来提高自我评价，以缩短与"自我期待"之间的差距。

虽然说"努力与修正"本身也是一种广义的讨好手段，例如：我们在拼命的同时，往往也会期待上司能看见自己的付出，并在心中渴望那句"谢谢你这么努力"的一丝慰藉——虽然明知现实中似乎不太可能发生。然而，有些人明显深受别人的影响，只要大家都能肯定他，就足以提高他的自我评价，终止内心的焦虑；有的人则不然，即便上司或客户都已经满意，他也还是没有办法停止完美主义行为。

对于那些**容易受到别人影响的人，他们可能更倾向采取讨好他人的方式**，胜过前述的努力与修正。毕竟，别人的一句赞美，足以让他们获得成就感；一句嘲讽，就可能会使他们前功尽弃，那么，他们又何必关起门来孜孜矻矻、不眠不休呢？

相对于典型的完美主义者，这群人更在意的是别人的认同与接纳，因此，在得不到肯定与赞美时，他们也许会以努力、反复修改等传统方式来表现。然而，一旦得到客户、主管或观众的肯定后，其积极性便会快速下降，甚至到了漫不经心的地步——因为他们原本匮乏的"自我评价"已经由别人补足了。

不过，这类透过外部给予的"**补充性评价**"通常维持不久，尤其对于B型人格者（一种人格特质）而言，消失得更快，甚至撑不过一天，结果就会形成周而复始的轮回（如下图）。

（倾向讨好他人的完美主义者历程）

焦虑、极度积极 → 得到肯定 → 放松、漫不经心 → 再度自疑或遭到质疑 → （循环）

③拖延

拖延是一种广泛存在的行为反应，常跟其他调适策略合并使用。简单来讲，就是眼不见为净。

正因为想要好好做（高自我期待），偏偏又不认为自己能轻易做到（低自我评价），想法接二连三而来，却找不出一个能让自己满意的最佳表现方式，反正时间又还没到，那就不如晚一点再想。

随着时间过去，眼看一点进度也没有，正如社会所期待的"慢工出细活"，工都慢了，活怎么能不细？时间都花下去了，如果随便交差了事，那岂不是更加羞耻？当流逝的时间一点一滴筑起了高耸入云的标杆，反而令人却步，行动力也就更加薄弱了。

这情况通常会持续到截止日前夕,求好心切的心终于被焦虑给压垮之后,行动力才会大增。此时,已经顾不得"自我期待"和"自我评价"了,只要能完工就好,要多快就有多快,但求能够交差了事。

为什么在最后一刻,会突然出现这么重大的转变?

我们不妨回想前面所说的"有条件的成就情境":没有这种情境,就没有完美主义。还记得恶夜大火的例子吗?那是一个"无条件"的"非成就"情境,住户只会夺门狂奔,不管姿势、妆容或穿搭,再狼狈也罢,活命要紧。当一份工作被拖延到最后、期限将至时,情况就会转变成如此,因为你已经谈不上表现好不好,也就不存在超额利润(非成就情境);除了尽快完成它,没有其他选择(无条件)。霎时,完美主义暂时离开了,让你以飞快的速度了结一切,等任务完成后,它又再度回到你身上。

④快速转移阵地

尽管拖延是绝大多数完美主义者会采取的行为,但只有少部分的人会伴随另一种罕见的调适策略——**乱画大饼**,把原本的工作目标拉升到更华丽、更花哨、相对也更难以实现的境界。

乍看之下，这样的"调适策略"好像很没道理。把自我期待拉得更高，岂不是让焦虑变得更加严重？事实上，这是一种近乎自我欺骗的心态：在这类人的世界中，任何事务的时间效果递减得非常快，完工固然重要，但时间还长，因为时间效果递减迅速的关系，对此刻几乎没影响；但现下在业主、主管、客户面前画大饼、自吹自擂，却马上可以让人感觉良好，大幅拉升"自我评价"，正向经验远远大于日后要交差时的痛苦（反正还有很长时间）。

这种情形可以类比于经济学上的"时间偏好"（time preference）[1]。这一类人有相当高的时间偏好：宁可在现下消费，也不愿拖到未来。而现在的大吹大擂，不只是变相地向未来的自己借贷（将来要花更多努力来完成更多工作）。到了下一期，他们感受到了飞快增加的"自我期待"（上一期自己轻易承诺的后果），不得不画更大的大饼，让自我感觉维持良好，同时更倍增下一期的"债务"。

---

[1] 由于时间偏好与跨期模型已经超过本书范围太多，感兴趣的读者，可以进一步去阅读欧文·费雪（Irving Fisher）的理论。

可想而知，这类人几乎都会以"倒债"收场。也就是说，到了该交件的日子，他们要不想出一个完美的理由来解释自己为什么不能做，要不就是责怪他人，认为都是别人害他没办法完成任务；再不然就是两手一摊，厚着脸皮当作没这件事，然后快速转移到下一个阵地，从另外一个全新领域开始。

在这类人之中，一部分属于高智商、能言善道、掌握关键技能或讨人喜欢的人，可能会被团体所接纳，而继续为所欲为下去，当然，受害者就是与之配合的同事，或是与他们朝夕相处的家人；另一部分人则可能会被拆穿谎言，被迫离职，换个环境继续演下一出戏码。

⑤ **贬低原目标**

贬低原目标的调适机制并不少见，但很少与完美主义联系在一起。

这群人的特征在于较强的内向性思考与对外贬抑，导致"自我期待"与"自我评价"不只脱钩，还纠缠在一起。简单来说，他们对自身有相当高的期许，高到自己根本做不到，然而，基于他们的内向性思考，马上会对自己发出质疑："我希望成为这种高水平的人，但我做得到吗？"可想而知，当然做不到。于是，他们的自我评价便会被自己贬低。

为了排解自我评价的低落感，他们还会选择贬抑他人："我之所以做不到，是因为我不像别人总是利益交换、偷工减料、相互勾结，如果真的要比拼实力，我才不会输给任何人！我有自己的坚持与原则。我跟他们不一样！"甚至这样的贬低动作都是在内向性思考中完成的，他们不会真的讲出来让别人知道。

至此，你应该可以料想到：为了修复受伤的自我评价，人们选择贬低他人，无形之间，却把"自我期待"再度拉高了。接着就进入了恶性循环，他们的自我期待越来越高，自我评价越来越低，同时，也贬低了原本的目标，一味认为那是"有操守的人不该做的卑劣事"，所以，他不做就是不做。

如果等到事过境迁，在他们心平气和的时候问他们："那件事真的有你说得那么卑劣、那么坏吗？"他们反而会有点迷惘地回应："现在来看是还好，可是当时也不知道为什么，就是有那种感觉。"

这类人很容易活在内心的小剧场里，为了坚持一些旁人不懂的"大节大义"而贬低原目标，最后一事无成，自然也就不必感受到做不好的焦虑。然而，他们其实饱受完美主义之苦，只是恐怕连自己在内，很少有人会把他们跟"完美主义"联想在一起。

三大人格分类下的完美主义者

首先，必须强调，本书并不打算对完美主义进行分类，列举各种不同类型的完美主义。最主要的原因是，时下已经有太多种完美主义的分类，例如：以"对自己要求完美""对他人要求完美"或"被人要求完美"分类；或是以"追求外在评价"与"辛苦工作，追求内部价值"分类；或是以"功能型"与"功能障碍型"分类，等等。

事实上，这些分类不外乎是透过完美主义者的行为特质，与完美主义是否具有功能来做判断，**但人类行为深受人格特质影响**。同样的行为对不同人格者的意义可能有着天壤之别，与其针对完美主义来分类，不如依据现有人格特质的分类来探讨，当事件发生在不一样的人格特质者身上时，完美主义可能会以什么样的形式表现出来。

◇

人格特质指的是人们在不同情境中保持一致的独特行为反

应。举例来说，C型人格的小丽，在看见工读生背着名牌包上班时，她可能会想："连她都背这包，我怎么可以没有？"于是下班后，她可能立刻就去买一个。换成B型人格的小妍，其他条件相同，想法却可能变成："连工读生都背名牌，我才不屑跟她一样！"结果，她要不是花更多钱买更昂贵的，就是反其道而行，背个地摊货出门。

倘若把观察时间拉长，我们可能会惊愕地发现：跟小丽一样马上去买名牌包的人，在初中的时候，多数也跟小丽一样，是老师眼中循规蹈矩的乖学生；而跟小妍一样反应的人，则常常有着为了改短裙子、上课睡觉等与教导主任互斗的中学生涯。

事实上，小丽与小妍各自严守着羊群效应（bandwagon effect）与虚荣效应（snob effect）而不自知。在20世纪中叶，强调理性的经济学家发现：个人的选择会"不理性"地受到社会大众的影响——绝大多数人会如同小丽一样，当朋友们都穿着某品牌的服饰、赞许某些书籍或电影好看、流行到某些地点旅游时，那些商品的效用就会变得更高，让人们更愿意花钱消费，此一现象便是羊群效应；奇怪的是，在同样的情况下，有些人却会如小妍一样，选择反其道而行，享受"我是特别的"

所带来的快感，即使为此付出不相称的代价也在所不惜（例如：为了几厘米的裙子长度被记小过，或者花大钱买一件从来不穿的衣服），这则称为虚荣效应。

在相同的努力、智慧与机缘的条件下，小丽与小妍的人生成就可能相去无几，但在每个重要的人生分叉点上，两人往往会做出恰好相反的选择。

人格特质在不知不觉中影响着我们一生的思考方式与行为表现，人类行为也只有透过其人格，才能正确地被解读。

因此，进一步了解完美主义与人格之间的关系，除了有助于发现各式各样的完美主义者，让人们有机会自我觉察并修正自己的行为之外，也可以让我们更了解自己所关心的人，明白他们为何如此坚持、缺乏弹性、在相同的情况下错失良机；或者如此眼高手低、在相同的地方一再跌倒、因为情绪失控而激怒所有的人。

> **关于本书的人格分类**
>
> 人格的分类方式有很多。本书以美国精神医学学会所编著的第五版《精神障碍诊断与统计手册》（DSM-5）对于人格疾病患者的分类方式，分别从A、B、C三个大类别（跟血型无关）来探讨。必须强调的是：本书中引用的内容仅涉及人格倾向，并不讨论到疾病部分。

测验你的人格倾向

为了方便大家更加清楚认识自己的人格特质，接下来将提供一份简易的自填量表，它是根据DSM-5的标准，并且辅以计分系统，让读者可以快速找到相对应的人格倾向。

在此，必须强调的是，实测结果不一定在A、B、C三大类人格中有所偏重，平均分布（分数接近）也是正常的。此外，这也并非诊断型的量表（信度与效度均不能作为诊断之用），结果仅能提供参考，但这有助于我们增加自我认识与觉察，厘清目前的心理现状。

请以直觉思考下列叙述句，若与你的个性相符，请在方格里打钩。

☐1.没有朋友，我照样过得很好。

☐2.有没有人懂我，我并不是很在乎。

☐3.人们总是误解我，对我有敌意。

☐4.人们甚至会长期暗中干扰我的生活、破坏我的工作计划。

☐5.我有很多想法，但我不是很想说出口，因为每当我告诉别人，别人总是用奇怪的眼光看待我。

☐6.我的心情变化很快，原本好好的，会突然因为一件小事，马上跌到谷底。

☐7.我容易感伤，对毕业、搬家、家人老去、人事变迁等，都会感到难受。

☐8.我常为别人付出太多，别人却很少对我有所回报。

☐9.我有时会怀疑自己有躁郁症。一两天兴致勃勃，疯狂投入某项事务；过个几天，热度冷却，就兴趣缺缺，完全提不起劲。

☐10.别人常会忌妒我。

☐11.我看心情做事：心情好时，善于把自己最佳的一面给表现出来；若心情不好，只想摊在一旁，什么也不想做。

☐12.我做事但求无愧我心，是否符合世俗规范倒是其次。

☐13.大家常说我很难沟通，脑袋里不知道在想些什么。

☐14.我偶尔会遇到一些匪夷所思或极端巧合的事情，但别人都不相信我说的。

☐15.这个世界是个充满奇幻、特异功能、正邪之争的地方，有时候比电视剧还精彩，只是绝大多数人都感觉不到。

☐16.大家常常说我很冷漠，想法不同于常人。

☐17.如果可以选择，我宁愿一个人生活。

☐18.我会尽量避免需要抛头露面的工作。

☐19.社交场合让我感到很不自在。

☐20.我很担心被别人拒绝，甚至会因为怕被拒绝而不敢提出要求。

☐21.我非常需要有人能让我依靠，就算他会欺负我、对我不好。

☐22.如果我依赖的人不在了，我会尽快找到另一个能依赖的对象。

□23.跟朋友一对一相处比较容易，跟一群人在一起会让我不自在。

□24.就算实际表现并不差，我还是会觉得自己很糟糕，或能力不够好。

□25.我在团体或人多的地方就忍不住想躲起来。

□26.我不太敢顶撞别人，或者与别人持相反意见。

□27.当有人注意我，我就会觉得精神振奋，什么都敢做，像换了一个人似的。

□28.我喜欢参加社交活动，特别是受到大家注目的感觉。

□29.刚到一个新环境，我很容易跟大家相处融洽；但时间一久，各自都有了小团体之后，我反而容易落单。

□30.我很担心伴侣终将离开我，并经常测试他的心还在不在我身上。

□31.我的伴侣很受不了我担心他离开的恐惧，我们经常为此争吵。

□32.我比较容易冲动行事，如发言、购物、交往、冲突或性行为等，常影响自己的身体、财务安全或人际关系。

□33.在工作中，我难以忍受无法控制的变量，若需要别人配合时，我会很焦虑地想掌握对方的做事方法与进度。

☐34.我不太会因为受挫而改变自己的行事习惯，别人常认为我固执或死性不改。

☐35.我觉得自己是个很理性的人。

☐36.我不是很明白什么叫情绪。

☐37.我并不在乎别人讲些什么，只做我想做的事。

☐38.我觉得我的做事态度有些僵化，比较难随机应变。

☐39.遵守团体规范与应有礼貌，让气氛和谐，远比争论谁对谁错更重要。

☐40.生活上，我很需要有人可以帮我拿定主意，不然我会极度焦虑。

☐41.我很担心自己犯错，会严守规则行事，做好每个细节，就算明知没有必要或有些多余，我还是会照做。

☐42.计划好的事临时说要改变，会让我很不安。

☐43."断舍离"对我来说一直都是很难的功课。

☐44.我有"存款不能减少综合征"，投资可以，要我花钱，会觉得压力很大。

计分方式

1.将测验中A、B、C三种人格所对应的题目分数相加（有打钩即获得1分）。

2.三种人格所得出的总分除以该类别的题数。

3.对应的平均数最高分者，则属于该人格。（例如：A型人格倾向的平均数最高，代表你属于A型人格）

A型人格倾向	
将以下17题得分相加，并除以17。	
1—5、13—19、34—38	你的得分：
B型人格倾向	
将以下19题得分相加，并除以19。	
6—12、20—23、27—34	你的得分：
C型人格倾向	
将以下18题得分相加，并除以18。	
17—26、33、38—44	你的得分：

测验完毕后，我们可以从对应的人格倾向，去检视自己所属的完美主义类型（下面将进一步说明）。

C型人格的完美主义：追求安全型

拥有C型人格特质的人占了全人口数80%以上，是社会的主流。C型人格的从众性、务实、谨慎、与社会互动密切、需要人际联结、在意自己在社群中的表现等特质，也会影响完美主义的表现方式。

C型人格特质者在意"别人的看法"，没有勇气标新立异，他们也许崇拜特立独行的人，但至少自己是不敢这么做的。当老板在会议上说"有什么意见，欢迎大家提出来讨论"时，他们会是集体低头不语，等散会后立刻开始交头接耳的一群。

喜欢分享秘密，不管是谁的秘密，对他们来说，打听并传播八卦就是一种同盟关系的保证。他们的社会化程度一般较高，很快能分辨出并肩走来、同样职级的两位长官，应该优先向谁问好——然而，这点并非绝对，不善于社交的C型人格也是有的，不过，无论社会化能力好坏，他们都不会故意做出突兀、出人意表、让对方下不了台的举措，除非他们已经控制不了自己的焦虑。

他们的焦虑程度普遍较高——除非能得到周围人的认同，同时也感觉到自己是安全的，例如：跟自己的好朋友在一起、在熟悉的情境中活动等，那么，他们就有办法持续保持放松。

由于C型人格的相对保守、谨慎、小心翼翼与高社会性，这类人一旦面对"自我评价过低"与"自我期待过高"的问题时，多半会遵从社会认可的价值——勤勉——来弥补两者之间的差距，孜孜矻矻地在自己的工作岗位上不断努力，并且反复检查与修正，以期待得到上级、同事、同辈者或其他人的肯定。

通常C型人格的务实特质，使他们更在意真实的表现，倘若表现不好，光是追求别人的肯定是没有意义的，因此，他们倾向于自我努力，而非采取讨好他人的行为。然而，C型人格的从众性又会让他们深受社会评价的影响，如果获得别人的肯定与称许，他们的自我评价一样会提升，因而获得满足，减少因完美主义而生的焦虑。

两股力量加在一起，就会变成：C型人格者通常不会主动去讨好他人或是获取认同，而是选择自己默默努力，不断检查与修正。倘若旁人告诉他："你做得够好了。"他们可能会解读为一种社会性的礼貌，不为所动，继续努力。但是，如果这么说的人越来越多，特别说话者是权威者或上位者，或者对方可以一一指出其做法的精妙之处时，他们就会半信半疑地开始接受，怀着忐忑不安的心，停止一再修改的动作。

这种"自我评价"因受到大众肯定而获得提升的可能性，取决于个人的人格强度与安全感水平，倘若不足，就会出现一种情况："明明知道大家都认为我做得很好，连我也觉得自己表现得不错，但就是没有办法停止修改，也无法放松下来。"严重的话，这将可能导致疾病，但毕竟是少数，大部分的C型人格者，**只要在够权威、够专业、够多的旁人之中，被细致而肯定地指出其表现的优秀之处，通常都会获得满足**——然而，问题往往在于，现实生活中愿意给予支持的同伴不够权威，而够权威的专家或主管又不愿意给予肯定，或是虽然给予了肯定，但过于草率敷衍。

由于C型人格占了人口结构中的绝大多数，C型人格者最常使用的"**努力、检查与修正**"调适机制，便自然地成了典型的完美主义特征。又因为完美主义有其"功能性"——完美主义存在经济学上所谓的"外部性问题"，也就是当员工无法自我控制地追求完美，反而将额外追求的好处给了老板，老板却不必为此多付薪水。资本家通常喜欢将完美主义者放在能做事的中级主管位置上，然而，在需要"会做人"的更高级工作上，这样的性格可能会让周遭的人倍感压力，甚至在某些地方不小心得罪人，或者令下属感到不愉快。

> **关于本书的C型人格**
>
> 倘若C型人格过度敏感、适应障碍或偏差过度时,可能引发的疾病包括:回避型人格障碍、依赖型人格障碍与强迫型人格障碍。这些疾病并不在本书范围以内,如果感兴趣,可以自行查阅相关信息。

B型人格的完美主义:渴望认同型

拥有B型人格特质的人占全人口数不足20%,比例不高,但并不罕见。特别是B型人格者往往相当有个性、人格特质鲜明,通常在人群中相当引人注目,当人格特质更强烈时,甚至可能出现冲撞社会体制(如伦理规范、法律制度)等行为,于是更容易被众人侧目。

B型人格的特质在于情绪不稳定、关系界限模糊、容易感到空虚与孤单、做事容易偏向极端、需求延迟[1]相对较短、人际关

---

[1] 指个体为了达成特定目标、获取渴望的结果,而愿意克制冲动,放弃立即的满足,以换得未来更大满足的心理特质。

系与角色立场不稳定……这么多的"不稳定"让B型人格者在周围亲友眼中,成为一个情绪相对容易失控、不敢交托任务、善恶难辨、不知道该怎么妥善应对的棘手人物。

"说变就变"是B型人格者容易给人的印象。比方说,晓铃早上起床时还蛮开心的,下午因为偶然看到Instagram上的一张照片,是初中同学们一起出游却没有邀她,马上陷入低潮,导致无法专心工作。事实上,她与那些同学也不是平时密切往来的朋友,没被邀请是很自然的,即使心里明白,不过当下别人怎么安慰都没有用。大哭了一个晚上之后,第二天醒来,她却又奇迹式地自己想通了。这类情况可说是非常典型的B型人格的表现。

又或者,身边的人可能会这样形容他:"他的歪理特别多,说什么若没有拿第一,就干脆当最后一名,绝对不要平庸过日子。人际关系方面,他在一对一的场合会感到很自在;到了小团体聚会,就怯生生地不说话,下次再邀他便说不去了。奇怪的是,如果要他上台演讲,他反而滔滔不绝,讲得有模有样的,像是换了一个人。"

B型人格者通常只看得到自己,也只在乎自己,对于他们感兴趣的人,会把对方当成"自己"来照顾,然而,他们通常无法接受"别人还有其他的人际关系要照顾",会经常觉得为对方付出很多,而对方却只用少许精力来打发自己,容易因此感到被背叛或沮丧。

这样的态度衍生到人际关系与亲密关系时,就会出现一种"吞噬型的爱"。他们宛若将对方吞噬到体内,用对待自己的态度,把对方照顾到无微不至;一旦关系破裂,就把对方吐出来,瞬间形同陌路,丝毫不念往日情谊,其无情与反差之大,往往令人错愕不已。

对于财产、权力、地位与名望的追求,B型人格者遵守一种**"全有或全无定律"**:要么就全力追求,主导整件事的发展,为了达到目的而讨好或威胁别人;要么就潇洒舍弃,把好不容易赢得的一切轻言让渡给别人也无所谓——他们可以在"放手一搏"与"全然放弃"之间反复再反复,难以采取稍微折中一点的方式。

B型人格者也相当在意是否能"被人看见",因此,他们会在乎自己的表现在他人眼中的评价。他们倾向于追求最大效果,在短时间内取得过人的成绩,通常难以忍受按部就班、遵循机构文化或传统伦理取得晋升的机会。

对于资源充沛、相对聪明与人格偏差不严重的B型人格者而言，这种不按常理出牌的做法，有可能变成破坏性创新，取得令人赞叹的重大成就；然而，倘若资源不足、不够聪明，特别是人格存在严重偏差，他们可能就会沦为整天空谈与眼高手低的理想主义者，甚或破坏法令、造成自己或他人的危险，进而形成人格障碍。

由于B型人格在社会人口比例中相对较少，分布也相当两极化，从白手起家的亿万富豪、充满群众魅力的政治家、拥有广大信众的宗教家到八大行业从业者、帮派分子、杀人不眨眼的通缉犯都有可能，因此，大众对于B型人格特质的看法，若非过度称誉（如名人传记中常见的那样），就是过度贬低，无论前者或后者，都会造成扭曲，以至于B型人格中出现的完美主义，通常都并非典型的表现，也很少被人注意。

事实上，B型人格者具备完美主义特质的比例并不低，最常出现的调适策略包括：**讨好与寻求认同、快速转移阵地、贬低原目标与拖延**；而C型人格者最常使用的"更加努力、反复检查修正"，由于需要稳定的付出，对于生性多变的B型人格者而言，则较少使用。

在"讨好与寻求认同"方面，如前所述，B型人格者会追求最大效果，所以与其兢兢业业地专注于本分，他们更乐意于讨好对方，倘若能获得别人的认同，"自我评价"就能快速上升，让焦虑程度有效降低。也因此，他们乐于去博取别人的肯定与赞美，只要成功获得掌声，就能放松下来；相较之下，受到业主、上司或同伴肯定时，C型人格者的焦虑虽然会下降，但是自己的高标准往往不为所动，因此，C型人格者不倾向于通过"讨好"手段来解决"不够完美"的问题。

B型人格者的另一个特征，就是喜欢采取"快速转移阵地"来展现完美主义。他们会不断画大饼，让自己感觉良好。当工作期限越来越近，他们就会画更多的大饼，勾勒美好的愿景，以维持自己的良好感受，从而忽略旧方案的期限将至，并合理化自己为什么没有完成预计的进度——因为旧方案已经被合并到新方案里了，如今的计划更是远大、更是美好！这么做等同于以债养债，终究会有无法负荷的一天。因此，B型人格者的个别差异影响颇大，倘若资源充沛且天生聪颖，那么，这场"骗局"就会以一个更华丽的方式收场，或是转型为另一个梦想的土壤，而为他人所接受；若不然，则容易导致信用破产。

部分B型人格者还会采用贬低原目标的方式来发泄完美主义的焦虑。只要能够成功说服自己，原本工作的意义并没有那么重要，或别人都是通过一些不正当的手法才能完成该项任务，那么，他们就能合理化自己不够努力的事实。通常，他们会如此辩解："就是因为这件事太没意义了，所以我才没有做。是我不屑去做，不是我没做。"而后，他们的自我期待就更高了，他们会想："我要去做一件更让人刮目相看的事。"结果导致"自我期待"与"自我评价"越拉越大，这些都是不折不扣的完美主义表现。

拖延，也是B型人格者常用的调适策略——尽管偶尔也会于C型人格者身上见到。毕竟，眼不见为净，对任何人格都有暂时纾解压力的效果，虽然到了最后，总会面临火烧眉毛的窘境，但这是人性的弱点之一。

总而言之，对于B型人格而言，完美主义并不少见，只是表现的方式向来都相当不典型，很容易被旁人忽略。

> **关于本书的B型人格**
>
> B型人格有四个子类型：自恋型、戏剧型、反社会型与边缘型，每一位B型人格者通常会同时具备上述四种性质，但分配的比例不一样，如果高度聚集在其中一种，如"自恋型"特强，我们就称之为"自恋型人格"。如果对B型人格感兴趣，可以参考《原来这就是B型人格》一书。

A型人格的完美主义：自求我道型

A型人格是一种少见的人格，目前尚没有一致的信息来了解其盛行率，但估计在2%~5%。其主要的特质在于情感的淡漠与疏离、与社会脱节、对其他人缺乏互动与同理、容易专注在自己的内在思想世界等。

这种类型的人由于内向与社会孤立，其行为作风并不容易被人理解，社会大众对其影响力也不大。他们多数在自己的岗位上静静地做着本分内的工作，旁人看不见野心，不清楚他们的内心想法，也无法与之共享同事与同伴间的情感与喜怒哀乐。大多数人对他们的印象就是："怪人一个。但至少可以沟通，对人无害。"

A型人格者由于较难适应社会，因此很容易在学校、职场上受挫，我们实际能观察到的概率会远少于上述的2%，其余的可能就靠着打零工度日，或索性成为"啃老族"，由兄弟姐妹出资请他照顾年迈父母；完全没有资源的，甚至可能流落为街上游民，或是使用社会福利与社会救济的常客。

在极为罕见的情况下，A型人格者如果拥有了绝顶聪明的头脑，那么，他们可能会成为难得一见的奇才，加上后天习得较佳的社交能力，相对地，社会也会因为他们对人类的贡献而愿意做出更多的让步，比方说，在高层级的研究单位工作或顶尖大学任教。此时，全然内向化的思考，成为他们专精于某领域的一大利器——因为他们**保存了绝大多数的精力在自己感兴趣的议题上，而很少去在乎社会观感**。

由于沟通方面的障碍，临床上很难判断他们的"自我期待"与"自我评价"，A型人格的完美主义相关信息就相当有限。我们充其量可以预期到，一旦他们的"自我期待"与"自我评价"差异太大，更可能直接以情绪表现出来，而不是以任何"调适策略"去消除焦虑。

具体一点来说，当实际表现不符合他们对自身的要求时，他们可能会暴怒、难以接受，而选择不惜成本地做出全盘的改变，对外呈现的，就是一个暴躁、紊乱，甚至有暴力倾向、难以预测且没有特定做法的完美主义者。

> **关于本书的A型人格**
>
> 倘若A型人格偏差严重到疾病程度时，可能会形成三种疾病：偏执型人格障碍、分裂型人格障碍与精神病型人格障碍，后者可能为思觉失调症的前身。由于范围远超本书，有兴趣者请自行上网搜寻相关资料。

总结上述A、B、C三型人格特质的完美主义，应该不难发现：日常口语中所谓"典型的完美主义"，基本上就是指C型人格的调适策略，如果考量他们在人口占比之众多、影响之深远、行为之固定，会有这结果一点也不令人意外。

而B型人格几乎囊括了各种"非典型的完美主义"调适策

略，尽管他们在人口占比不高，但从其行为变化难测、调适机制的自相矛盾性，不难想象：很多深受完美主义所苦的B型人格者，常常被视为不负责任、没担当、只靠一张嘴、翻脸不认人的人，事实上，这是他们有苦说不出的地方。他们其实也是完美主义的受害者，只是非但旁人不知，就连他们自己恐怕也没有察觉，更遑论去学习怎么从完美主义中走出来。

至于A型人格的完美主义，由于牵扯了太多的情绪表露、爆发与失控，我们倾向建议他们直接向专业工作者（精神科医师或心理咨询师）求助。

第二章
完美主义是怎么产生的?

在"有条件的爱"底下成长的孩子,他们会尽力去符合他人的标准,只为换来一句:"你表现得真好。""你很棒。""你好厉害。"而这些对他们来说,就是"我爱你"的意思。

第二章 完美主义是怎么产生的？

我们已经知道完美主义的行为是如何出现的，然而，为什么在同样的情境下，有些人会用完美主义的逻辑去思考，有些人不会呢？

关于产生完美主义的原因，至今众说纷纭，并没有定论。从20世纪开始，心理学界对完美主义的探讨尚不多，主要来自弗洛伊德的精神动力理论与阿德勒的个体心理学，外加发展理论与依附关系，到了20世纪90年代，数个研究团队提出了不同的多维度模型，完美主义相关研究才呈爆炸性增长。2004年后，每年以完美主义为题的研究已经超过100篇，且在快速增加中，2016年起，每年论文数甚至突破300篇。

前两个阶段算是对完美主义提出一个解释性的古典模型，而本书也是依据精神动力学派和阿德勒的经典理论来诠释完美主义的心理防御机制。至于第三阶段的多维度模型则还在方兴未艾的阶段，虽然逐渐引起大量学者的注意与研究资源的投入，但至今并没有一个决定性的理论统整，因此，要等到再成熟一些，出现重量级国际大师提出经典而具体的理论，包容各家学说于其内，才适合通过科普文章介绍给国内读者。

本章将20世纪90年代后的现代多维度模型所引发的完美主义研究热潮列于第三部分，先从常见的经典解释说起，让大家先对完美主义的成因有全面的了解，再感受现代百家争鸣的新观点。

过高的期待，来自被内化的"有条件的爱"

所谓"有条件的爱"是一种与"无条件的爱"相对应的概念。前者指的是接受者必须达成给予者设下的一些条件，给予者才愿意"爱"接受者，可以先完成条件再"爱"，也可以先"爱"之后再完成条件。我们不妨用"交易"或"刷卡付款"来类比，会更好想象：一手交钱一手交货，或者先享受后付款。你拿得越多，你以后要还得就越多。

相反地，"无条件的爱"性质上比较接近"赠予"，就是白白给予的，接受者什么都不必做，也什么都不必偿还，是否心存感恩都在所不论，反正给予者给了就是给了，根本不在乎接受者怎么想，也不需要对方"铭感五内"。

值得留意的是，"无条件的爱"不等同于"无限度的爱"，而且恰恰相反，因为是不求回报的赠予，**所以"无条件的爱"必然是有限度的**；反之，"有条件的爱"因为对给予者没有损失，所以往往是无限度的，给予者能力有多大，就会给予多少。

如同第一章提到的，"自我期待"与"自我评价"之间的落差越大，越容易使人产生焦虑。在现实中，我们也发现，一个对自己有过高自我期待的人，在其成长阶段，经常出现被家人用"有条件的爱"情绪勒索过的斧凿痕迹，而且随着年龄的增长，人们会逐渐把这些有条件的爱内化为自身信奉的教条，带到他的新生活或家庭里。

一个真实例子是，女孩从小就被严厉告诫："别人对你好，你要记得心怀感恩，力求回报。不然，你长大后有可能会被抛弃。"在她出嫁之后，每年除夕夜，先生一家人在客厅聊得开开心心，唯独不见女孩踪影，直到先生发现她躲在厨房刷地板，她委屈地说："只要看到那些锅碗瓢盆堆在那边，我就觉得自己没做好媳妇的本分，就算婆婆说此刻是大家聚在一起的时候，不要管那些，而且我觉得自己很不会讲话，如果坐在客厅却总是接不上话，一定会让大家很扫兴。大家都说我要求太高，但我觉得自己很糟糕，还要劳驾别人安慰我，终究有一天，等你们耐心被磨光后一定会讨厌我。后来我发现，只要厨房没开灯，偷偷躲进去刷地板，感觉有在做事，心里就会舒服一点。"

女孩完全认同婆家是接纳她的，也非常感激。但是这些被"赠予"的婆家关爱一接触到其内心中"爱是有条件、务必回报"的教条后,马上转换为一种"交易"。她无以回报婆家——霎时,不管多少包容与接纳都变成了庞大的压力。事实上,这普遍存在于以往的东方社会与较低的社会阶层,比方说,幼年期有条件的爱一旦被内化,我们就会不断提高对自己的期待,在一生中,努力想回报每一位善意者的"大恩大德"。

无形的要求比物质上的条件更难满足

在过去,社会经济条件不佳时,"有条件的爱"里的"条件"通常相当清楚,例如:"长大赚钱养家,让父母不必再那么辛苦""要有出息,能够衣锦还乡""有一番作为,才无愧于所有帮助过自己的贵人"等,由于"条件"通常跟经济、物质有关,是可以努力得来的,相对也清晰许多,压力通常存在于我们要面对的客观环境。

然而,随着社会逐渐富裕,父母能给予的物质条件越来越多,当教育程度提升,开明的父母更重视心灵层面的教养问题,这时,"有条件的爱"里的"条件"就变得逐渐模糊。正如许多现代父母经常对孩子讲的:"我不求任何回报,只要你们过得好,我就满足了。"

问题在于,什么叫作"过得好"?这是谁来定义的?在通常情况下,这都是由父母自己定义的,换句话说,孩子必须面对一个需要被完成的期待(过得好),而且还不知道这个期待的内容是什么,这相当于面对一个**内容不明确的债务**,只知道父母恩重如山,却不知道该怎么还。

另一个"隐形的有条件的爱"的常见对话,几乎天天出现在各个家庭的角落。当孩子回家,表示自己考得不好,心情很难过时,父母通常直觉地安慰:"下次再考好就好了。"殊不知,这是一句彻底的伤害性话语,因为听在孩子耳中,意思就是:"没错!父母虽然都说不在意我的成绩,但其实他们心中是有一把尺的,不然,何必叫我下次再努力?显然,我在他们心中还不够好。"

换个角度来看,如果是"无条件的爱"的对话,又会是怎么样呢?"你考九十分?虽然比上次低一分,不过比起上学期平均高很多呀!你那个做科展的好朋友这次怎样——分数跟你差不多?我记得你一年级的时候,都还看不见她的车尾灯哩!你很不简单喔。"大家应该不难听得出来,这位家长不只没有预设立场,还一直当孩子的朋友,许多细节他都记得清清楚楚,至于孩子表现如何,他就只是欣赏而已,并适时给予鼓励。

◇

再和大家分享一个故事。一位高知母亲告诉我，她为孩子所做的一切牺牲奉献，都是没有条件、不要求回报的，如今两个孩子都到国外的私立大学就读，她与丈夫负担着高昂的学费，"在能力所及的范围内，一定会给他们最好的，我们夫妇俩只希望孩子将来过得幸福、健康、快乐，就心满意足了。"这位母亲微微激动地说。

我淡淡回应："那，如果小女儿学成之后，想回来台湾开垃圾车，因为她的乐趣就是当清洁人员呢？"这位母亲一时语塞。"开垃圾车怎么会快乐呢？"

我才对她解释当时的情况："你的小女儿就是太清楚父母希望她过得幸福快乐，所以从小开始，无论是在学校受到同学欺负、排挤，还是在家看见你们夫妻吵得多凶，她从来都不敢把内心的痛苦、担忧表现出来，在你们与朋友面前，永远扮演那个幸福、健康、快乐的小孩。直到今天，她因为坚持要念医学系，但成绩又不够好，在学校崩溃多次，最终惊动了心理辅导中心,才会整个爆发出来。"

"我们也常常想找她谈心事,但她都不说啊!"

"因为你们确实很努力了,她知道你们是好父母,也知道说出来你们会难过,而她不愿意让自己最爱的父母难过啊!而且我相信她从小就竖着耳朵听,你们又夸赞了哪个亲戚的小孩考上了医科、哪个朋友的孩子现在去美国当医生之类的。"

这就是一个很经典"有条件的爱"的结果。父母用尽全力想扮演好父母,却不知道自己给出去的是有条件的爱,导致父母给得越多、包容得越多,小孩自觉亏欠就越深,不断地努力表现,却永远还不起。

整个过程中,我们很难指责谁做错,或做得不够,但在"有条件的爱"的模式下,**任何一方的牺牲与付出,都会变成另一方的负债与压力**——因为这种爱是必须还的。

真正"无条件的爱"

父母虽然自以为是无条件的付出,但因为自我界限不够明确,无条件的爱很容易就会转变为有条件的爱。简单来讲,因为太在乎的关系,孩子就成了父母自我生命的延伸,他们甚至觉得孩子的未来比自己的生活还重要。

假如"关系界限明确",父母会去寻找自身人生的意义,追求丰富而多彩多姿的生活模式,而不是把一切都押注在孩子身上。正因为父母没有自己的生活,只能借用孩子的生命来寄托自己的未来,界限就变得模糊了。此时,不管自己再怎么克制,终究免不了套上有条件的爱。

"那我该怎么做?"这位母亲问。

"想想你们夫妻俩还没有小孩以前的生活。回忆一下你们相识时的饭局、一同参加朋友的聚会、相伴出游的时光,以及旅程里看过的日出、碧波万顷的群鸥翱翔、享用美酒的晚宴、双人温泉的静谧氛围、落日躺椅边的促膝长谈,试着诉说两人对于未来的梦想、聊聊彼此的心情,找回原来的自己。当你们不需要为小孩做什么却依然可以感到快乐时,给出去的,就必然是无条件的爱了。"

"我不太懂,为什么我们只顾自己,却反而能给出无条件的爱?"

"因为你们已经满足了,因此,只有剩余的喜悦才会分享给小孩,这些都是多余的满足,正因为多余,虽然有限度,却是无条件的;相反地,当你们越是为了小孩而活,内心就越容易产生不平衡感,而且总会希望从孩子身上得到一些回报,这是人性，并不容易克服，而这样的爱虽然无限度，却是充满条件的。"

这位母亲似懂非懂、愣愣地望着我，或许她需要很长的时间，才能明白我的意思。

在"有条件的爱"之下成长，孩子将产生焦虑

然而，对于那些活在充满"有条件的爱"下的小孩，他们肩头的负担太过沉重，更惨的是，他们还不能诉苦，因为只要这么做，马上就会有人教训他们："想太多。""身在福中不知福。""人穷得只剩下钱。"这些可怕的心灵鸡汤，反而让溺水的人更加容易受伤与压抑。

这些"好命"的小孩容易在一生中不断追逐卓越，拉高自我期待，以不负父母的教养之恩，结果导致他们的自我评价始终抬不上去。

当他们被别人肯定、成功申请到志愿学校，或是取得某些优秀的工作机会时，**所有的"好运"通常都会升高自我期待**——因为他们会认为："当自己顺风顺水，如果还不能有相对应的成就，那将会多么丢脸！"反之，如果事情并不如预期般顺利，或是遭遇现实的打击，甚至受到别人不留情的否定，自我评价便会快速下降，因为他们认为自己已经蒙受如此多人的关爱，使用了这么多社会资源，显然是自己太不争气、不够努力，所以才会失败。

成功了，便拉高自我期待；失败了，则拉低自我评价。不难想象，在"有条件的爱"底下成长的孩子，容易觉得自身表现比别人差、担心真实的自己不被人喜欢、习惯将价值感交由他人来定义，或者受到外在权威（像是父母、老师、主管）评价的影响，他们会尽力去符合他人的标准，只为换来一句："你表现得真好。""你很棒。""你好厉害。"而这些对他们来说就是"我爱你"的意思。

长期下来，这会导致他们"自我期待与自我评价之间的距离"越来越远，压力也就越来越大，进而需要使用更多完美主义的调适机制来减压（包含更加努力、反复修正、过度讨好、拖延等）。到头来，在外人眼中的幸福，却成为完美主义人格的温床。

与此相对的，"无条件的爱"却没有这样的问题。由于界限分明，每个孩子都知道父母有他们的生活要过，也知道自己能分配到多少（有限度）的爱。然而，孩子也很清楚：**眼前所分配到的爱，是真正属于自己可以自由支配的爱**，不管他们要怎么发挥，就算决定把它们都丢掉（例如：有些人奉行"躺平主义"），父母也不会介意，因为父母有自己精彩的人生要过，根本不会把自我成就跟孩子的人生绑在一起。

孩子过得好不好，父母的人生都一样丰富，既然如此，孩子要躺平给谁看？孩子反而会以父母的生活为榜样，一起积极奋斗，练习怎么生活，大大方方拿取父母给予的有限资源（反正也不多），自食其力地开创自己的人生。若有所成就，就是自己真正努力的结果；即使一事无成，父母也会一样愉悦地接纳自己——因为父母自身的生命就够精彩了，根本不会把孩子当成跟亲友比较的工具。

倘若有幸活在"无条件的爱"的环境中，自我期待是不需要拉高的，自我评价也相当高，两者既然一致，又何来焦虑可言？没有焦虑，也就不会出现后续的完美主义调适行为了。

随着经济发展，"有条件的爱"的本质虽然没有改变，但是"条件"的内容却越来越不明确，这就是近年来许多完美主义者背后的成因。

自卑感将造成——今天的你必须更加努力

心理学大师阿德勒的个体心理学，是最早对完美主义进行研究的学说。其著名的"自卑与超越"假设，是传统完美主义的主要解释。

人生在世，终究有其差异之处，通过比较，人们可能自觉到不足，因而感受到自卑，并且努力克服其缺陷，不停追求更优秀的表现。这个"缺陷"，不是绝对而客观的，反倒带有高度主观的成分，完全视当事人如何诠释而定，当然，也受到主流文化价值观与身边亲友的高度影响。

比方说，一个忠厚老实的初中生，其不善于作伪的态度，可能被某些老师称许为"诚实"，却可能在同学间被视为"没用""呆""笨拙"。倘若其成绩表现符合成人世界的游戏规则，他可能被老师高度肯定而继续认可自己具备诚实的美德，而非缺陷；倘若其成绩糟透了，而他又恰好置身于升学导向的学校中，他遭到老师排斥的概率便容易上升，他则可能认同身边同学给予"又呆又笨"的自我意象，将它视作一个亟待克服的缺陷。

总之，缺陷是高度主观的，受到自我意象、环境、亲友、主流文化等的影响至深——同样的特征，在小武眼中可能是一生最难以启齿的糗事；对小颜而言，却成为聊天时的一个笑料。人们主观解读着所有经验，然而，一旦认定自身有缺陷而感到自卑后，他们所产生的反应却有着相似的部分。

阿德勒眼中的"优越感"与"自卑情结"

首先，解释一下阿德勒心理学的基本概念：自卑与超越。人们为了超越与生俱来的自卑感，会产生取得成就的动机与动力。在这样的状况下，人们对于与该缺陷相关的议题会致"敏感化"，其他的事物却可能出现"代偿性的去敏感化"。简单来说，人们会特别关注**与自己自卑相关的议题，并且变得特别敏感**，然而，人的注意力是有限的，当特定议题被敏感化后，对其他议题也就不再那么关心。从某种意义来看，人是高度个体化的，每个人都是独一无二，而且是用主观的态度在解读经验的。

举个例子，一个从小经常被父母拿去跟其他表兄弟姐妹做比较的女孩，她可能高度专注于拿奖状、在比赛中得第一、考上名校、出国留学、到知名大公司工作，等等。然而，如果问她哪家咖啡店有什么特色，或者是否会跟同龄人比美、比瘦、比衣服、比包包，又或是谁谈恋爱、谁分手之类的"八卦"，她都一点也不感兴趣，甚至嗤之以鼻。

人们总会深陷于自己关心（或自觉不足）的方面，却忽略自己不在意的（甚至想都没想过自己是否不足，如果有，好像也不那么重要）。就上述例子来说，女孩可能很在意自己当年报考台北市立第一女子高级中学落榜，尽管后来还是上了台湾大学，但那依然是个缺陷；她身上的行头多半是过季款，比较便宜，虽不差那个钱，但她舍不得花在这些"无谓"的地方，因为她实在没兴趣每天穿着时髦去跟朋友们比拼谁的男友帅、谁的造型更抢眼。"输了就输了，老土就老土，嘴巴长在他们身上，要怎么说随便他们高兴。"不难感受到，她对物质生活一点都不感觉匮乏，也不觉得有缺陷，更不会因此感到自卑。

很有意思的是，她可能因为比较不在意外在条件，反而能得到更自然的发展，没有受到扭曲的同龄人竞争所影响，让她在穿着上更能做自己，而且与多数同学都保持良好的人际关系，是个让人相处起来舒服的女孩——只有跟她一起做报告的同学是例外，因为他们全组人都被她对分数的疯狂追求、吹毛求疵、高标准搞得精疲力尽。

也就是说，尽管人们总在某些方面为了自卑感而努力寻求超越，却不会"全面开战"——在所有方面都试图坚守己见。除非这个人已经达到病态程度，自卑感太深，遭到波及的领域太广，则可能出现相当大幅度的好胜心。

再举一个例子。与知名艺术家相处的工作人员往往形容自己活在地狱，因为他们面对的是一个择善固执、没有谈判空间、绝不让步的完美主义者；然而，这位艺术家与行业外的朋友却又能结成莫逆之交，在某些朋友眼中，艺术家只不过是个羞赧、不善于交际的普通人罢了。

这也进一步说明，为对抗自卑感而产生的完美主义，通常不会是全面性的——相反地，人们往往在某些方面会呈现高度完美主义，但在另外一些领域，却变得轻松随和，没太多意见。

此种**"选择性的完美主义"**，也是自卑与超越所引发的完美主义的特征之一；相较之下，如果是"有条件的爱"所引发的完美主义，通常较为全面，面对不同议题的态度也比较一致。当然，实际情况可能无法分辨得这么明确，毕竟完美主义的成因可能同时存在。

自卑感对自我期待与自我评价的影响

在此必须强调,"有条件的爱"产生的是内心的债务,并不涉及我们对自我价值的贬损;但"自卑与超越"会直接伤害到人们的内在价值。

如果进一步去分析自卑感是如何产生完美主义的,可从三个角度来看。

●提高自我期待的动力来源

首先,自卑感非常容易造成"自我期待的提升",原因分成两个:最直观的效应是,所谓"自我期待",指的是人们怎么从今天的自己看明天的自己。当今天的自己有缺陷(自卑),人们很自然地会把期望放到明天的自己身上,通过提高明天自我的表现,来代偿性地弥补今天自己的不足之处。**自卑感越强,意味着今天的自己就越需要努力,让明天的自己有值得炫耀的地方。**

然而,第二个效应会更明显,也就是自卑感的增加,会让人产生一种心理:在被别人否定或贬低之前,先行否定与贬低别人,以降低别人在我们心中的分量,进而减轻对方的负面评价对我们造成的影响。最常见的例子就是当朋友失恋，大家不知道如何安慰时，常说的往往是："那个烂人讲的当然都是对你不利的鬼话，你为什么还要去在意他说你什么？"

这就是试图透过否定对方（说话的人），来把对方讲的话也一起否定掉，以避免受到影响。

同样的心理，在自卑感强的人身上非常容易发生，等同于给自己先打了预防针，到时候万一听到批评的话，就不会那么受伤了。严格来说，这是一个有效缓解挫折的方法，但不见得妥当，因为对方都还没开口，你怎么知道他的评价是肯定还是否定？事先贬低对方，固然会让你在听到负评时比较不会那么心痛，但也可能错过了他对你的肯定。没有肯定，自卑感强的人又如何重建信心呢？

更糟糕的是，不断预防性地"抢先一步"否定对方，还会让人际关系更加恶化，造成"自大"的形象，这也就是人们常说的"自卑太强会造成自大"的缘故。

而自大一旦形成，就会倒转回来要求自己——因为别人表现得也许不差，但你不分青红皂白就把对方的价值给否定掉，换你表现时，可就不能低于对方，如果自己连对方的水平都触及不到，那岂不是相当于你比"被自己否定过的人"还逊色！

因此，自卑感一旦转化为自我膨胀，接下来就会为了不丢脸，不断给自己施加压力。

综合上述两种效应，自卑感是**提高自我期待**非常强烈的动力。

● **造成自我评价降低**

其次，自卑感也很容易造成"自我评价的下降"，因为"自我评价"指的是你此时此刻对自己的价值感，一旦自卑，直接影响到的就是你此时此刻对自我的评价。当然，自我评价的下降就在所难免了。

● **不断追求更好的自己**

其三，则是在内部焦虑与调适策略方面。带着自卑感而来的完美主义者，驱动其精益求精的动力来自弗洛伊德精神动力学中的死本能：摧毁眼前这个不够好的自我，打造一个更好的自己，也就是"更新""求新、求变、求好"的动力根源。这个死本能形成了完美主义者最常见的调适机制——对于作品始终不满意，修了又修，改了又改，也是困扰完美主义者最多的行为之一。

当然，因为自卑的存在，也就会衍生其他的调适机制，无论是讨好、寻求认同、快速转移阵地、诋毁原目标，其背后的心理机制都是一样的。为了维护良好的自我感觉，对抗那无止境的自卑感攻击，完美主义者必须不断采取各种调适策略来保护自己，以减少焦虑。

自卑感让人永远期待明天的自己会更好，却始终无法满意今天自己的成就。几年前，一位小有名气的年轻导演就说："只要试映会接近，我的压力就会爆表，生怕再过几天，会有人对我摇头，说：'你已经拍不出更好的了，是吗？'倘若试映会大受好评，我的情绪就跌到谷底，心里只想着：那我以前拍的那些浪得虚名的垃圾，怎么会有人叫好啊？"

总结来说，自卑感的转化方式有很多种，而且自我肯定感相对于"有条件的爱"所导致的完美主义者会少很多，所以由此衍生出来的完美主义形式千变万化，而多数会以"反复检查修正"来呈现，但是也不乏有讨好与寻求认同、画更大的大饼、拖延、快速转移阵地与直接宣泄情绪的不典型完美主义者的表现。

经历"习得性无助"之后，逐渐自我放弃

在一些特例状态下，我们会看到超越动机的耗竭，也就是所谓的"习得性无助"。倘若怀有强烈的自卑感，因此衍生的超越动机极强，人们会不断采取行动，以试图改善现状，让自我感觉较为良好。倘若当时的教育条件、经济条件、就业能力、环境支援等要素都无法配合，那么，一切努力都终归于失败——不管他有多努力。

到最后，被激发起来的强烈动机会逐渐枯竭，而丧失驱动行为的能力。**原有的自卑感，就再也无法得到超越的机会**，必须透过其他的情绪转化出去，如愤世嫉俗、行为偏激、躺平主义，等等。因为当事人既然从诸多失败中"学到"了自己无法成功的事实（尽管他不知道问题在于他缺乏对整体事务与现实感的掌握），他就必须找一个理由，来解释自己为什么如此失败。很多社会问题如贫富差距、社会不公、财富世袭等，都可能成为替代性的解答。

现代多维度模型

现代多维度模型并非一种单一、有系统的解释完美主义成因的理论；相反地，它是一个让各种研究可以在上面尽情发挥的"基础建设"：后续完美主义与其影响进行实证化研究。

这是一个发展不久的研究领域，重要论文几乎都在1990年以后的30年间发表，内容比较艰涩，也没有定论，如果你在阅读上感到吃力，可以径自跳过，并不妨碍本书的连贯性；反之，如果感兴趣，本节后面会介绍延伸阅读的索引。

撇开复杂的研究数据与统计工具，现代多维度模型可以说是奠基在两个重要的研究之上——首先是1990年，有学者开发了具有六个维度的多维完美主义量表，即弗罗斯特多维完美主义量表（Frost Multidimensional Perfectionism Scale, FMPS），他们认为影响完美主义的因素有六种，包括如下：

● 个人标准（personal standards）：内心对自己设下的行为准则。

● 对于犯错的在意（concern over mistakes）：个体

对于行动失败的在意程度。

● 对于行动的自我怀疑（doubts about actions）：个体对于自己能否有效执行行动的怀疑程度。

● 父母的期待（parental expectations）：个体受到父母的期待的影响。

● 父母的批评（parental criticism）：个体受到父母的负面评价的影响。

● 组织化（organization）：个体能否融入社会、被组织化、功能化的能力与程度。

其次，大约在同一年晚些时候（1990—1991年），其他学者提出了另一个多维完美主义量表（Multidimensional Perfectionism Scale），他们认为完美主义可以分为三个不同维度：自我导向（self-oriented）、他人导向（other-oriented）、社会规定（socially-prescribed）。

"自我导向"指的是个体本来就预期自己是完美的；"他人导向"是指个体预期别人是完美的；"社会规定"是指个体相信别人会期待自己是表现完美的。

随后，弗罗斯特（Frost）及其同事在1994年把前述模型汇总起来的九个维度改以要素分析，整合到两个"高阶维度（higher-order dimensions）"中，包括如下：

积极追求（positive striving），有四个要素：个人标准、组织化、自我导向、他人导向。

这个维度的特质通常表现为强烈的行动力、社会化程度较高的、按照自我意愿追求完美，因此有研究显示，此维度与良好情绪呈正相关。

非适应性的评估担忧（maladaptive evaluation concerns），包括五个要素：对于犯错的在意、对于行动的自我怀疑、父母的期待、父母的批评、社会规定。

因为这些都是为了别人而追求完美，有研究显示，此维度与忧郁有正相关。

弗罗斯特的二维模型

两大高阶维度	对应要素
积极追求	● 个人标准 ● 组织化 ● 自我导向 ● 他人导向

（续表）

两大高阶维度	对应要素
非适应性的评估担忧	● 对于犯错的在意 ● 对于行动的自我怀疑 ● 父母的期待 ● 父母的批评 ● 社会规定

完美主义的追求与担忧

从字面上来看，"积极追求"包括的内容，无论是个人标准、组织化、自我导向、他人导向，都是一种光凭自己努力，就能够追求的事物。个体在意的是自己的表现，而不是别人的看法。受这个维度影响的完美主义者，当然会比较正面，情绪积极，比较社会化，有相对良好的出路。

反之，"非适应性的评估担忧"包括的内容，无论是对于犯错的在意、对于行动的自我怀疑、父母的期待、父母的批评、社会规定，都是担心评估、害怕犯错、自我怀疑，差别只是评价与批评是来自父母或他人，但效果都是负面的。受这个维度影响的完美主义者，通常会比较负面，情绪多变或容易忧郁，社会适应不良。但——真的是这样吗？

这就是现代实证心理学的特点。大家都这样想，说起来好像也没什么不对，但是没有经过统计学验证，就无法归纳出事实一定就是如此。因此，不同研究者就设计了一些量表来量化上述那些要素，例如：透过一定标准化的量表测量，才能说明个体确实有"个人标准"这个特质，可以接着进行后续的研究。

而研究者就开始在此之上建立自己的理论，并利用统计学举证，例如：在动机理论研究中，有三篇论文的统计结果发现，受"积极追求"影响的个体与动机上"希望成功"有正相关。

因此，多维度模型是现代心理学对于完美主义研究的基础架构，每年有大量的研究以此为基础建立模型，其中，也有不少新的理论被提出，再次引发了更多的研究风潮。由于这些理论较为复杂，本书将不会一一详述。

虽然至今，现代多维度理论依然不能清楚诠释完美主义，还没有办法自成一家之言，我们也难以透过多维度理论把完美主义用另一种角度勾勒得更加立体，甚至得不出简单有力的结论。然而，现代多维度理论确实建立了良好的研究基础，在研究对象的扩增、工具的创新、理论的完善之下，相信终究有一天，有系统性的结果将会慢慢产生。

延伸阅读

倘若对这部分的研究感兴趣,却苦于研究论文太多,不知如何下手,推荐阅读《完美主义心理学:理论、研究与应用》(*The Psychology of Perfectionism: Theory, Research, Applications*),作者是约阿希姆·斯托伯(Joachim Stoeber)。它是一本心理学的教科书,每一个章节都由不同学者撰写。该书收集了近25年对于完美主义研究的论文回顾,内容完整且文献索引齐全,适合对完美主义感兴趣的研究生,或是心理工作者阅读。

没有比较好或比较坏的完美主义

本章的最后，我们仍然需要提醒：倘若大家到网络上搜寻，会发现不少文章（主要来自外国网站）引述多维度模型的特定研究，断章取义地归纳出所谓"好的完美主义特质"与"坏的完美主义特质"，并建议读者改掉不好的完美主义特质，转而学习好的特质。

事实上，我们并不能仅从统计结果去推论个人状况，也没有特定证据表明哪些完美主义特质必然比较好。举例来说，就像诸多研究支持"积极追求"与坚毅的个性、果敢的行动、较强的执行力，以及较稳定的情绪有关，但一个过度追求完美主义的人照样会产生问题，如刚愎自用、不好相处、容易给别人压力，甚至造成人际冲突，这些衍生性问题都不会被初始研究考虑到。反之，"非适应性的评估担忧"固然容易让人想太多、缺乏自信、情绪低落，但它也让人更有亲和力，遇到问题时，更愿意反求诸己，自我检讨，重新出发，长期来看，这种谦逊的态度反而可能成为累积成功人脉的基础。换句话说，这样的人可能真的比较内向、没自信、容易沮丧，但在人生的旅途上，每逢出现危难时，愿意伸出援手的朋友却相对较多，逢凶化吉的概率也比较大。

与真实的自己和解

因此，对于完美主义者来说，最重要的是：**认识自己**，发挥原有特质的优点，而不是一味想要改正"不好的一面"。坦白说，只要能够与自己的完美主义共存，让它成为你的助力，任何特质的人都有同等的机会获得幸福。

生命的起点，本来就不一样，从你意识到自己存在的那一瞬间开始，你的名字、性别、基因、成长背景、教养环境等，过去的一切都已经被决定了，就像接手打到一半的牌局，不管好与坏，你只得继续打下去。了解完美主义的成因，并非说明问题不可改变，事实恰好相反，当你背负着这一切还能活到今天，就足以证明你已经超越命定之命，得到改变的机会。只要对自己了解得越深，走上坦途的希望就会越大。

第三章

如何与你的完美主义和平共存?

我们都受到完美主义的庇佑,尽管它造成了无数人的困扰,但不容否认的是:我们需要"它"。要善用其力量,就不能一味地用意志力"改正"它,更不需要拼命讨厌它或抵制它,甚至恐惧它。

说了太多完美主义可能带来的困扰，免不了让人对号入座，想着：自己是不是也有这个"问题"？

在厘清之前得先强调，完美主义是有其社会因素的，不仅是个人课题而已——我们可以轻易在电视访谈中，听到某位企业家侃侃而谈自己童年时是多么辛苦，靠着努力与种种坚持，才有了今天的成功；但在荧幕前几乎看不见任何一位劳苦终生却敌不过命运多舛、终日以酒浇愁、衣衫褴褛的中年"失败"大叔，更遑论听他讲述跌宕起伏的人生（尽管后者可能更贴近社会大众与真实景况）。

成功永远被大做文章，而努力却默默无闻的人则被隐没了。所有社会控制工具如学术、传媒、政治、文化、教育，往往由成功者主导，这可能导致社会对成功的过度强调，让人们认为自己不够努力，进而在竞争的氛围下感觉喘不过气，甚至随时会自我毁灭——其实这正是由时代所造就的完美主义倾向。

完美主义不是一种缺陷

可能很多人会好奇,对现代人来说,完美主义属于一种疾病吗?或者说,有完美主义的人跟别人相比,是否"不正常",甚至"不好"?

这个问题的答案,得从我们看待完美主义的角度来理解。

由进化论的观点来看,物竞天择、适者生存,倘若完美主义是一种病态,以至于会减损个体的功能,那么,在长远的演化历程中,具有完美主义特质的人应该居于演化弱势的地位,容易被淘汰,甚至可能因为缺乏竞争力而向下沉沦[1]。

想象一下,假设世界上的成功者都如科幻片中的AI机器人,完美无瑕、乐观进取、积极向上;没有任何负面情绪,不会难过、不会犯错,就算遇到打击,也能像计算机一样理性,既不会有过高的"自我期待",也不会有过低的"自我评

---

[1] 根据统计,缺乏竞争力的人往往择偶条件较差,导致他们只能与一些社会经济地位差的对象繁衍后代,而下一代更难拥有足够的资源,也更难透过教育等方式改变自身阶级,只能继续与其他弱势基因共生。

价",不知焦虑为何物……这显然违背我们的经验法则。由此可知,完美主义必然有某种功能或价值,让具备这项特质的人继续享有某些竞争优势而不被淘汰。确实,在不少成功者身上,我们能找到颇多完美主义的特质。

完美主义的价值

一如抑郁症容易发生在富裕、发达的国家里,更甚者,越低等的动物越不容易出现抑郁的现象——虽然我们不明白抑郁的功能何在,但其存在必有因,不应该轻易否定抑郁的价值,只把"乐观""向前看""想开点"等视为心灵的解药,这样可能会使抑郁更加恶化。

完美主义也一样,它让我们拥有更好的竞争力、有效地提升工作成果、对人和事更加尽责、得到社会认同,而如果我们要善用其力量,就不能随意将之扣上"疾病"的帽子,一味地想用意志力"改正"它。

◇

本书是建立在"非病理视角"来看待完美主义的。简单来讲，倘若你这一生就是得跟完美主义打交道，那你应该做的是想办法与之和平共存，接纳自己的完美主义。接下来的功课则是——进一步做到"引以为用"驾驭它，让完美主义成为你人生路上的一大助力，而不是阻力。你更不需要拼命讨厌它或抵制它，甚至恐惧它。

我们不妨想象一下：要是医学界发明了一种仙丹妙药，吃了之后，人类就再也不会追求完美，从此，维修人员就把"差不多"的零件装上你要搭的飞机或汽车；会计师事务所把"差不多"的账本送交税务机关；餐厅厨师在你看不见的地方把"差不多"的食材放进料理中……你敢想象那样的世界，或活在其中吗？

我们都受到完美主义的庇佑，尽管它造成了无数人——或许也包括你我在内的困扰，但不容否认的事实是：我们需要"它"。因此，接下来我们将会先说明如何让不同人格的人面对自身的完美主义，进而能活得更轻松，并且获得更大的幸福。

C型人格（追求安全型）——善用团队与权威的联结

C型人格容易陷入典型的完美主义困扰之中。基于人格特质，具有权威地位的人所给予的建议或是大众的共识，对于C型人格者的影响比较大，此效应对于缓解焦虑一样有帮助。

举例来说，当C型人格的员工陷于完美主义的焦虑时，一位他所认识、愿意信服的长辈、长官、主管、老师或权威安慰他的话，通常比一般的办公室同事的安慰来得有效。

同样地，当一群人都认同且支持C型人格者时，效果也远比一个人来得好。有趣的是，来自亲密关系的肯定，对于C型人格者来说效用并不高，还不如一群外人或朋友的赞美来得有用。

之所以会发生这样的现象，是因为C型人格者太在意社会约定俗成的价值，更在意别人如何透过这样的价值看待自己；再加上他们缺乏个人的鲜明色彩，很难说出诸如"选这个，没别的理由，只因为我喜欢，谁有意见请他来找我"之类的话。但这并不意味C型人格者没有主见，而是恰好相反，在工作上，干练的C型人格者通常怀有自己独特的看法，关键在于，

C型人格者需要充分的"社会客观理由",以及"大众普遍接纳""在理性上无懈可击"的事前准备后,才敢形成自己的见解——而不像B型人格者那样,可以如同艺术家似的,凭借一见钟情、相见恨晚、刹那间的情绪悸动,或个人当下的喜恶,就可以站稳立场、坚持到底。

从一个很小的地方,就可以看出C型人格深受社会价值系统的影响——坊间不少写给一般读者(多数为C型人格)的心灵鸡汤中,不乏会出现名人语录,像是:"培根曾讲过,同情是一切道德中最高的美德。""托克维尔曾说,生活不是苦难,也不是享乐,而是我们应当为之奋斗并坚持到底的事业。"C型人格者并不习惯于把自己认为有道理的文词直接写出来,非得引用某个历史名人的经验,来为自身的想法背书。当引述的人来头越大、越有名望、道德操守越良好、对人类越有贡献,这些道理在C型人格者的眼中,也就越有分量。

不过,说了这么多特质,C型人格者倘若想解决自己的完美主义,第一件功课却是:**暂时跳开"如何改善完美主义"这个问题**。接着,好好想一想,自己是个什么样的人——就如苏格拉底所说："认识你自己。"[1]这样的自我认知，才是解决一切问题的起点。

其中的原因很简单。因为C型人格完美主义者在行事作风上，容易遇到课题就一头栽进去，尽力搜集所有与该课题相关的资料，以及向自己认识的专家寻求协助，一心渴求找到具体、肯定、有根据、可照表操课的最佳解法，来把该课题完全破解。

这个行为模式正是让C型人格完美主义者最容易产生瓶颈、钻牛角尖的地方，因为绝大多数的课题，都是不存在最佳解法的。不同权威各有相异的说法，不同资料也往往彼此矛盾，询问再多，引述再多，只会让自己更迷惘、更焦虑，深知不管做出哪一个选择，下一秒都有可能想到另一个更好的安排，反而让自己越来越懊恼。

因此，不管提出任何改善完美主义的具体做法，C型人格完美主义者都有可能会立刻把它变成教条。若非反复求证，就是严格执行，导致自己身心俱疲。比方说，可能会因为效果不如预期而感到失望，并且迫切想要向新的权威寻求帮助，内心却

---

1 这句话被认为是苏格拉底哲学的核心，强调了自知和自我反省的重要性。

又担心问题出在自己不够努力上，反而更加彷徨不安。

简言之，C型人格完美主义者"不要急着想做事"，先回过头来想想"自己是怎么做人的"，才有机会破解完美主义加诸于身上的魔咒。

例如：想想为什么自己这么吹毛求疵，明明个性保守，冒险精神也不足，同事依然喜欢你，老板还是器重你？想想你对自己有一堆抱怨与不满，那为什么朋友还是喜欢跟你相处，也有人愿意在私底下支持你？你吸引了这么多人的关爱，而且很多人（通常是朋友）都对你付出无条件的爱，其实他们大可不必这么做，因为这对他们一点益处也没有。然而，他们却不求回报地这么做了。

虽然有些人是因为你的努力付出，等着收割你的劳动成果，但除了这种类型的人以外，一定有其他人用另外一种眼光看待你——也许是欣赏，也许是倾慕，也许是敬佩，也许是更多你未曾在自己身上看见的可能性。

身边的人为什么能够这样接纳与包容？因为你聪明吗？善良吗？乐于助人吗？即便如此，这些跟他们欣赏你有什么关系？

对于一个C型人格完美主义者而言，只要能回答出上述问题，并且坦然接受自己的答案（例如：我就是可爱，别人舍不得骂我，不然你想怎样），便会很自然地发现，完美主义的特质渐渐离你而去了。

如果你还是觉得这种做法太抽象，或是急需一个具体可以操作的行动指南来调适心态，建议你可以尝试看看以下三个方法。

日记法

每天花半小时，在日记本或备忘录中写下自己"当天正在烦恼的事情"，门槛在于，每天都得记录，并且持之以恒。之后大约每隔半年到一年拿出来翻阅，你有可能会发现，自己过去所焦虑的问题，并没有造成太严重的麻烦，甚至那些不切实际、关于未来的担忧，你其实都有能力克服。

在经历痛苦的当下，我们总觉得这些痛既真实又漫长。然而，你不需要立即否定自己的感受，只要如实地写下来就好，给情绪一点空间与时间流动，并相信这一切终究会过去。

访谈法

把你认识的人，像是老师、朋友、同学、长辈列出来，每周选择一位去拜访或者一起吃顿饭，试着跟他们聊一个主题，比方说："我正在进行一个自我探索的课程，你方便告诉我，就我们的相处时间观察下来，你觉得我是什么样的人？"接着，把你听到的记录下来，注意那些出乎你意料、不寻常的回答，很多情绪、往事、喜悦甚至伤痛往往埋藏在里面。

说来你也许不相信，当你问得够多，脑海中就会有个念头慢慢浮现："原来我曾经是这样的人，不用紧张兮兮也能够活到今天，为什么今天的我会变得整天提心吊胆，经常感到害怕呢？"

小说撰写法

这个方式适合平时有书写或阅读习惯的人，若没有，你也可以用录音的方式。方法如下：当你决心接下某件高强度的差事时，你就记录另外一位主角，跟你同名同姓，在故事中，他拒绝了这份工作，然后遇到了不一样的结局。

注意一个重点，他是你人格上的孪生兄弟姐妹，你不可以陷害他，所以他的结局可以不一样，但是不能比你差。随着时间过去，小说也越写越长，你可以跟文中的主角对话，一起讨论彼此的生活，计划着可以如何帮助对方，共同解决这个完美主义的问题。

B型人格（渴望认同型）——从认识自己到收敛心神与防控

B型人格者的焦虑经常说来就来、说走就走。来的时候，焦虑值会直接到达临界点，让人感觉自己快要撑不下去了，心情糟糕到不行，讲起话来不是没耐性，就是一副无精打采的样子，仿佛天塌下来了一样。然而，转移一下话题，或是睡个好觉，他们又忽然回到原来云淡风轻的状态，脸上也恢复了笑容。周而复始，一个礼拜有七种不同的心情对他们来说是很稀松平常的。经常是本人可能还没自觉，一旁的伴侣或家人倒是被搞得快要精神崩溃。

B型人格者容易深陷在各式非典型的完美主义行为中，如第一章提过的讨好与寻求认同、快速转移阵地、贬低原目标与拖延，每种行为衍生出来的情绪又各自不同，因此，B型人格的焦虑形式非常复杂，变化快速且难以捉摸，旁人即便想帮忙，也很难找到施力点。

换句话说，对于B型人格者而言，处理焦虑问题的过程，几乎可以视为一场内心戏，**不要太期待别人能帮得了自己什么**，

也无须责难别人不愿意同情你，因为你的心思比海底针还难以觉察。与其怨天尤人、自怜自艾、感觉不被理解或命运多舛等，还不如先想办法自救——如果你完全倒下了，别人即使想伸出援手，也无法将你拉起来。

B型人格完美主义者经常面对的困扰就是：周围一堆好心的亲友，七嘴八舌地想"同情"你，帮你找理由，解释事情没做好的原因，但这不仅无济于事，还搞得你莫名其妙地恼羞成怒，越听越不舒服。事实上，这就是"同情失败"所造成的结果。B型人格完美主义者搞不定的从来就不是"事情"本身，而是自己的"心情"，包括莫名的焦虑、恐惧、自疑、沮丧，等等。之所以没有办法执行任务，并非问题很艰难，而是突然丧失了做事的动力。

B型人格完美主义者遇到瓶颈的感受，就好像一个技术娴熟的驾车老手，在某次倒车入库时因为撞到一旁的车，之后几个月，每次要倒车入库，内心就会不自主地开始担心："我会不会又丢人现眼？""都挑这么好的位置，总不会再出错了吧！""先前那次真的好尴尬！""我到底是怎么了？"焦虑、迟疑笼罩着你，身旁好友还立刻下车帮忙指引，连路人都跑来围观，这反而会让B型人格完美主义者更加尴尬，一件小事被闹成这么大，朋友的好意在同情失败后，更加证明了自己很无能。"脸都被这些人丢光了！"常常是B型人格完美主义者卡关时的第一个反应。

其实，同样地，一切还是要回到最源头：认识你自己。对于自身的人格了解越多，你就越能善待自己，毕竟，B型人格完美主义者的内心世界太宽广，小剧场多到不计其数，不要太期待能被身旁的人所理解，试着自己搞定自己吧。这是你的天赋，也是你无可取代的能力（别人真的做不到），更是你的天命。

如果你想进一步了解B型人格的特殊思考方式与驾驭方法，可以参考《原来这就是B型人格》，在此，我就只讲几个比较重要的建议。

从简单的挑战开始培养节奏

首先，B型人格完美主义者很在意"手感"，执行事件时，假如前面都是顺利的，后面就会一气呵成。为了做到这一点，挑选任务的难度便很重要。千万不要眼高手低，选择了自己没把握或超出能力负荷的挑战，宁可从"好上手"的任务做起，每一战都赢，随后就会势如破竹。

与C型人格者共同执行任务

其次，假如任务不是自己能选择的，那就要求跟另一位C型人格的伙伴搭档（不难辨认，就是你觉得特别死脑筋、做事一板一眼、不会变通的那一个），把他当作钢琴架上的节拍器，或是把他想象成老妈子一样，严格要求自己满足这位伙伴的规定，说一是一，说二是二，把对方当成是自己的上司。

尽管你发现对方完全不了解你，可能会忽视你的价值，甚至践踏你的人格，然而，想办法讨好他，完成他指定的任务，却是激发你天马行空的才华最有效的方式，而你们也才能确保工作如期完成。记得，对外讲述时，要把所有的功劳都归给对方，这么一来，你的内心会因为不甘心而保持最高的战斗力（请善加利用B型人格本质中的不甘心、忌妒、气愤等负向能量）。

与其制订计划，不如放手去尝试

第三，如果没有监督者，那就不必花时间去建立什么工作计划。因为B型人格完美主义者总喜欢建立一套很宏伟的工作计划，然后弃置不管，随心所欲地做事（或拖延）；相较在没有监督者的状态下，B型人格完美主义者更适合直接上阵，试着做点什么，大胆假设、小心求证，从"做"中学。这样一来，问题会衍生更多问题，持续吸引B型人格完美主义者的目光，让其将自身能力发挥到极限。

情绪混沌时，别急着下决定

最后，了解"多变性"就是自己人格特质的一部分，眼前所见的问题与当下所感觉到的焦虑不一定是真实的，明天的你，则可能会拥有另一个看待事情的角度，并产生新的灵感。

与其急着解决烦恼，不如静下心来，想想该怎么分割问题，将大目标切成更多小目标，并且按部就班地一步步完成，也不要想着如何做出让人跌破眼镜的卓越表现，平顺地发挥就好。保持平常心，焦虑度才会下降。

了解到不同人格所需要的初步策略之后，接下来将从三个方面切入，包含改善焦虑、处理过高的自我期待、提升过低的自我评价，来让我们可以更好地和完美主义共处。当然，并不是所有的完美主义都可以被驾驭。其中，必然存在已经严重偏差，到达病态而无法自我调适的地步，我们要学会辨认，并及早求助于专业人士。

熟悉驾驭完美主义的方法——从改善焦虑开始

由于"焦虑"是触发人类采取调适机制的核心要素,我们不妨把"焦虑"视为锅炉中的柴火,升温是可以的,但条件是:动力必须"有效率"地传导到我们期待的方向。

其次,动力被传导到我们所期待的"行动"后,是否能有效降低焦虑,还是会反过来进一步强化原始的焦虑?不管采取哪一种调适行为,只要操作不当,都有可能导致原始焦虑升高,特别是部分调适行为,如"快速转移阵地""拖延"等,如果不加以修正,到最后都会无一例外地提升焦虑程度,使你的身心状态更加恶化。

不同人格之间,焦虑上升的原因与速度也大不相同。撇开罕见的A型人格不谈,C型人格完美主义者(追求安全型)容易受到**"事件增加""担心表现不好"**与**"害怕失败"**的影响,而导致焦虑程度上升。这是一种很务实的焦虑,每个人都看得出来,比方说,因为事情太多,担心做不完或表现得不够好,而导致压力太大。

B型人格完美主义者(渴望认同型)则容易受到"当下的心

情""别人怎么看我""我会不会被嘲笑""别人就是要看我出丑"等纯粹**情绪上的事件**而导致焦虑上升,刚好与C型人格者相反,B型人格者的焦虑几乎可以说是内心戏,只要他不明说,身边没有人能感受得出来。

◇

举个例子,C型人格的室内设计师小岩在很短的时间里,接到了三件大客户的订单,他满脑子都在想,该如何在承诺的期限内拿出最佳表现,同时满足这三位大客户的要求。我们也许可以提醒小岩:"你不需要这么紧张,这三位大客户之所以愿意下单给你,某种程度上就是对你的信任。"这样的"**保证法**"对C型人格完美主义者来说是有效的,因为他的"自我评价"会被拉高,并且更接近"自我期待",他的压力就会减轻。

至于B型人格的室内设计师小武,同样在短时间内接到了三件大客户的订单,但他的想法就复杂多了:"该不会是我在简报时表现太突出,所以让老板们误以为我很行吧?""我真的有能力做到这些吗?还是我一直以来都在骗自己,或者不过只是运气好而已,那如果这次好运用完了,是不是就要在业界身败名裂了?""这三个大老板是不是故意要测试我的能力,所以才同时下我的订单?我要怎么应对才好啊?"由于小武的情绪比较复杂,倘若我们以安慰小岩的方式跟他说了相同的话,小武可能会更焦虑,甚至想:"假如我太顺利通过这次考验,下次他们的要求一定会更高,那我之后该怎么办?"

可见,由于B型人格的不稳定性,每一个保证都会再衍生另一个疑虑,我们建议不采用"再保证"的说法,而是用"**转移法**",把言谈从焦虑引爆点转移到比较具体的事物。例如:"所以,你是怎么让那个难搞的老板二话不说就把案子交给你的?"假如小武的焦虑被顺利转移了,他就会眉飞色舞地开始讲起他的"丰功伟业",最后,我们只要再补上:"要不要从这边开始?我看你蛮熟悉的。"问题大致就聚焦回工作了。

人格差异是导致"焦虑应对守则"多样性的原因,不过,面对焦虑时,可以将处理的原则归纳如下。

对于焦虑的自我觉察

不是每个人都能觉察到自己的焦虑。有些人即便已经非常紧张了,他们还是会说:"我很平静啊。"

这不一定是面子问题，而是有人真的在成长过程中，没有学习到"焦虑"是什么样的感受。毕竟，焦虑不像"肚子饿"那样，是与生俱来就知道的事，焦虑必须透过"学习"后才知道，就像我们也是透过小时候的经验，加上各种知识管道，才知道那个晚上在天空出现的发光物体，不管长什么样子，圆形也好，半圆形也罢，通通都是同一个东西——月亮。而焦虑跟月亮一样，虽然每天都会经历，形状样貌却各不相同，我们需要累积足够的经验，才有办法辨认出来。

在太过压抑情绪的教养环境下，焦虑很容易被视为负面的东西，而不被容许存在，这样的氛围所造成的结果便是：在如此环境下长大的小孩，即使身处焦虑状态，仍不明白这就是"焦虑"。他们可能会说自己呼吸急促、吸不到气、心悸、手心冒汗、手抖、尿急，等等，也可能转而承认这是所谓的自律神经失调，其实，这些症状的源头就是焦虑。

觉察自我内在的焦虑，才有办法监督焦虑的增减，这在学习焦虑的控制时，是首要学习的课题。

不妨每天找一个固定的时间，用最舒服的姿势坐下，闭上眼睛，感觉一下自己的呼吸、心跳、身体各部位的肌肉、肠胃蠕动、脸部的表情，试着让每一部分都和缓下来。时间不必太久，五分钟就好，如果你发现自己做不到、脑袋里转个不停，或者觉得这一切无聊透了，那么，你感觉到的正是自己的焦虑。

长期性焦虑的控制

如我们先前所说的，焦虑是有其功能的，它会督促人们采取行动，也就是通过调适策略来解决问题。然而在三种情况下，这个自我调节机制可能会发生故障：

- 当事人惯常采用无效率的调适策略。
- "自我期待"与"自我评价"的落差过大，导致焦虑值超出负荷。
- "超我"与"本我"的交战状态太久，"自我"功能太弱，稍有压力，焦虑值就飞快上升。

不管是哪一种情况，都会导致焦虑如脱缰野马，无可管控。最终结果，一方面呈现出来的是情绪的直接失控，如暴躁、易怒、砸东西，甚至动手打人等；另一方面就是所有调适策略的效率通通下降，让焦虑调控更进一步失去平衡。

此时，我们就会处于一种经常性的焦虑状态，犹如一辆爬坡爬不上去的车，即便把油门踩到底，所有能量通通转为废热，车子也纹风不动。

这时，我们有必要先进行"长期性焦虑的控制"，也就是俗称的"减压"，否则，问题还没解决，人就先垮了，而且，在焦虑状态下，我们根本无心进行更细致的身心调节。

至于该如何减压呢？以下提供四种常用的技巧以供参考。

减压方法① 养成腹式呼吸的习惯

这是最基本、最轻松的减压方式。

一般来说，容易焦虑的人会倾向采取"胸式呼吸"，也就是在吸气的时候，肋间肌收缩，胸廓增大。从外观上来看，胸膛挺起，胸骨上升，胸部向前突出，我们常说的"挺胸"，就是这姿态。当我们准备跳进水里之前，深深地吸一口气，胸膛挺起，就是"胸式呼吸"中的吸气动作；吐气的时候，胸部快速退回原位，就完成了"胸式呼吸"的完整动作。

胸式呼吸，是一种人类准备"要做些什么"的姿势。当身体透过神经反馈得到讯号，它会以为你正要大干一场，因此，胸式呼吸的速度是相当急促的。这种呼吸方式能在短时间内让大量的氧气进入身体，将二氧化碳与废物排出体外，会让交感神经兴奋、肌肉紧绷、身体处于备战状态。

倘若你正准备要跑百米、跳水或是其他运动，采取胸式呼吸是完全正常的生理反应；但如果你连坐在椅子上看书、吃饭或看电视，也采用"胸式呼吸"，那么，你的身体就没有办法放松了。

事实上，有不少人就是因为已经养成习惯，一直使用胸式呼吸，让身体长时间处于备战状态，结果造成了焦虑的问题。

腹式呼吸则是一种截然不同的呼吸方式，最明显的差异在于：吸气的时候，胸部并不会向前突出；反之，横膈膜下沉，突起的部位是肚子，而非胸膛。

这种呼吸方式会传递给神经系统"此时此刻是安全的，属于休闲时光"的讯号，因此，持续使用腹式呼吸，能有效降低焦虑程度。

如果你从来没学过腹式呼吸的话，可以试着找一个舒服的、有靠背的椅子或沙发，肢体放松，自然地坐下或斜躺下，解开太紧的腰带，闭上眼睛，一手轻轻贴在肚子上，想象肚子是颗气球，慢慢用鼻子吸气，肚子鼓起来，而后用同样和缓的速度将气从口中吐掉，肚子消下去；周而复始。

生理学上的原理很简单。呼吸动作原本就是靠着两组肌肉的运作来完成的，一个是肋间肌"收缩"，将肋骨与胸骨抬举，胸部的容积增加，空气会被强制进气，也就是胸式呼吸；另一个是横膈膜"放松"，往下推动，腹肌也得配合"放松"，腹部脏器自然往外凸出，空气就自然进入体内，这就是所谓的腹式呼吸。前者靠肌肉收缩引入气流，后者靠肌肉放松。

然而，真正困难的地方在于，现代社会的观感下，挺起胸膛这个动作，无论对男性或女性而言，都是一件被鼓励的事，偏偏这也让我们更习惯使用"胸式呼吸"。再加上无论在办公室或教室，尤其是处于低头阅读或滑手机的姿势下，或者身在社交场合，更难让腹部拥有自由鼓起的空间。

也因此，即便学过腹式呼吸技巧的人，通常也将之束之高阁，继续用胸式呼吸来过日子，顶多是每天保留某个固定的时间，练习几十分钟，让自己平静下来。但我们期待的是"**长期性焦虑的控制**"，而不是练习时那短暂的平静，因此，尽管会腹式呼吸的人很多，真正能受惠者却鲜少。

在此，我们强调腹式呼吸是一种习惯，而不是每日固定要做的某种运动。倘若在初学的阶段,你已经能够成功地做到用腹部呼吸,接下来的功课,就是恢复一般坐姿,继续练习用腹式呼吸;再来,则是脱掉宽松的衣服,换穿上班的合身套装或制服,练习看看是否还能使用腹式呼吸。

毫无疑问地,练习者通常会发现困难度上升。特别是在合身衣着的限制下,以及不想被别人侧目的情况下,如何维持腹式呼吸?答案是,缩小呼吸的深度,徐徐地吸气,让气体流向腹部以外的地方,如腰部、胃部等。事实上,随着熟练度的提升,有经验的腹式呼吸者可以将气体平均分散到整个腰腹处,让鼓起变得不明显。到最后,腹式呼吸几乎成为一种习惯,完全取代胸式呼吸,而无须刻意让自己保持在什么样的姿态。

养成腹式呼吸的习惯——这是我们的期待,也需要长久的练习,当你发现自己完全不需要特别注意怎么呼吸,但很自然地,腰腹就是会轻微鼓动:既没有练习时的腹部膨出,也没有鼓起的胸膛,那么,你就成功向前迈进一大步了。

> **让腹式呼吸内化在生活中**
>
> 网络上很容易找到腹式呼吸的教学指引，通常还会伴随轻柔的音乐，只要搜寻"腹式呼吸"四个字就可以了，尝试跟着引导来加强自己日常的练习吧。腹式呼吸并不难，只要掌握到：吸入的空气，不是透过胸膛的用力抬升，而是腹部的放松，让气体可以随着肚子的方向流动，那就对了。

减压方法② 肌肉放松术

肌肉放松术有很多不同派别的做法，但大同小异。原则上，都是建议你先依序收缩特定肌肉，用尽所有的力气，把它绷到最紧，然后再放松，重点在于体会那种紧绷与放松的差别。如果能够学习如何区别紧绷与放松的差异，你就有能力让自己保持在放松的状态。

我举一个常见的做法为例：

1.随意找一张椅子坐下之后,紧闭眼睛,然后放松。

2.闭上眼睛,皱起眉头和鼻子集中在眉心,然后放松。

3.咬紧牙关,然后松开。

4.把头挨向左肩,直至右边颈部肌肉绷紧,再把头慢慢移回原位;接着把头挨向右肩,直至左边颈部肌肉绷紧,再把头慢慢移回原位。

5.缩起肩膀,尽量贴近耳朵,接着放松。

6.把手掌搭在肩膀上,把力量集中在上臂,然后松开,伸直双手。

7.双手垂下,使手掌后掌心向内弯曲,手指尽量向上指向手腕,使前手背肌肉绷紧,然后伸直腕关节和手掌,放松肌肉。

8.紧握拳头,然后松开,直至双手不需再出力。先右手,再换左手。

9.深深吸一口气使肺部扩张,收缩胸部肌肉,闭气一秒,然后呼气。

10.深吸一口气使小腹的肌肉绷紧,然后再慢慢呼气放松,直至小腹逐渐恢复原位。

11.低头,尽量把下巴贴近胸膛,感到背部肌肉拉紧;再把头慢慢抬起来；接着把手垂在两旁，挺起胸膛，使背肌收紧，然后放松。

12.双脚伸直，脚掌向上弯曲，尽量靠近小腿前方，使小腿后的肌肉拉紧，然后把脚掌恢复原位，放松。

13.双脚平放在地板上，把脚趾向脚板方向屈曲，感到脚踝的肌肉拉紧，然后把脚趾恢复原位，放松。

开始练习时可以闭上双眼，练习绷紧这些区域的肌肉，再慢慢体会放松的感觉。练习时不必过分强调表现，只要每天练习两次，每次约十五分钟，大约两个星期，你就能熟悉这项技巧。等到熟练之后，你会发现没一会儿的工夫，你就能让全身完全放松了。

减压方法③ 静坐与冥想

目前提供静坐与冥想的课程，实在多不胜数，难以一一介绍，不过，基本原理都是透过禅定与内观，让人们把注意力在一定的时间内，从外界转移到自己的身上来。

有些机构将冥想与瑜伽体式结合起来，加上清幽的环境，举办了相关训练营，如果身边有参加过的朋友，并分享了良好的经验，不妨一试。有些则是走比较正统心理学的路径，拥有一定的学派基础，你也可以请教熟悉的朋友或前辈介绍，尝试看看。不过，由于这类团体太多，不免有些鱼目混珠的从业者，选择时仍需多加注意。

时下在台湾流行的正念冥想，有不少的实体课程与在线课程。如果时间允许，可以到现场参加；时间若无法配合的话，光是通过各种视听软件聆听，也能达到一定的效果。试着在早晨起床时的十五分钟，运用冥想来启动一天的大脑；或者于睡前的半小时，以正念冥想的方式来帮助自己清理思绪，让身心都能好好放松。

减压方法④ 主体性药物运用

能够有效对抗焦虑的药物有两种：一是抗抑郁剂，二是抗焦虑剂。

抗抑郁剂为什么能够治疗焦虑呢？我们不谈艰涩的药理解释，而是用一个简单的比喻：从弗洛伊德的精神动力学可以得知，焦虑是一种推动生物前进时所产生的能量消耗，就好比一辆车在山路上行驶时，一部分汽油会转化为汽车前进与爬坡的能量，另一部分会变成废热从排气管中排出，而焦虑就是那部分不可避免的废弃热能。人只要活着，就像汽车要开动，一定会出现焦虑。

但人体并不是没有对抗焦虑的机制，一个是潜意识的心理防御机制，另一个则是意识的调适策略。我们能把"心理防御机制"当成第一道防线，倘若它够强，那我们根本不会感觉到焦虑，也就不需要动用到完美主义的调适策略。

然而问题往往在于，**情绪低落会"弱化心理防御机制"**，让第一线的防御功能变差。几乎所有的抗抑郁剂都会提高情绪，进而强化心理防御机制，让我们就算潜意识焦虑，从意识层面也感受不到，甚至类似为汽车装了涡轮增压器，引擎强制进气后压力上升，马力大增，工作效率也上升。

不过，虽然药物治疗对于长期性焦虑的控制很有效，但经常因为案主的抗拒心理而难以达成。针对这一点，我们需要的不只是清楚的卫生教育，更要深入理解用药者的心理。

传统的精神药物治疗中，医生基于诊断而开立不同药物，案主唯一能做的就是服药，乍看之下，与其他科别的用药经验没有差别。然而，精神作用剂（如抗抑郁剂、抗焦虑剂、安眠药等）作用的部位在于心灵，是人体最敏感、最不能掌握、最纤细的部位。我们可以想象服下胃药后，在胃中抵消胃酸的过程，从而理解"胃痛被舒缓"的感觉。

药物	抗抑郁剂	抗焦虑剂
特性	适合治疗"长期性焦虑"	生效速度很快，吃下去马上见效
缺点	在服用初期，近四成的人可能出现副作用，如恶心、心悸、胃肠不适、嗜睡或失眠等，其次是药物见效速度慢	可能有嗜睡现象（安眠效果），以及成瘾风险
建议	服药约莫三天后，副作用便会逐渐消失。通常至少得花上两周才会看到效果，随后才会越来越有效，服药者必须有耐心	要求医生开立"抗焦虑效果"强于安眠效果，且成瘾性较低的长效型抗焦虑剂（短效型的成瘾性较高）

然而，一位有寻死念头的抑郁症患者，在服用抗抑郁剂后，先前"绝对过不去"的家庭、事业、感情烦恼，却渐渐松绑了——这到底是怎么发生的？难道我们信以为真的世界规律与自我意象，只不过是化学物质作用下的幻梦？这些被心理困扰折磨到不得不求助于心理科的人们，偏偏要在毫无心理准备的状态下去面对这些问题。他们在短暂的就医期间，得到了有限的药物信息，然后就得拿着一大包五颜六色的药物，决定要不要被迫改变自己的心灵。更讽刺的是，假如药物有效，恰好证明他们先前的困扰，只是因为脑内神经传导物质出现问题，

而他们的求救与努力，是不是就徒劳无功了呢？

　　精神药物学的本质，就存在着对人类心理的矛盾。因此，建议转换为"**主体性药物运用**"的治疗模式，增加服药者的主控感，从而解决对药物的抗拒心理。简单来说，这是一个"以个案为中心"的药物治疗模式，服药者才是主角，他拥有最后的决定权，而医生则是专业的咨询与规划者，必须依照实证科学的严谨角度，充分告知每一种药物可能带来的效果。让我们用以下例子来直接说明吧。

　　　　一位在婚姻关系中饱受婆婆批评的媳妇，心理咨询师虽然洞悉婆婆自己本身受到原生家庭影响，过度依赖"挑剔媳妇"而带来的权威感来弥补内心的自卑，但是这位媳妇却因为陷入抑郁症，缺乏改变的能力。

　　　　心理咨询师可以向心理医生或精神科医生求援，而由医生向这位媳妇分析："我们现在有两种抗抑郁剂，药理作用机制不同，副作用均不高，两种都会改善你的抑郁。第一种药物像烈火一样，会增强你的专注力、意志力、思考反应速度，在你与婆婆的冲突中，你可能会变得有勇气与婆婆对抗，通过心理咨询师指导的冲突技巧，你或许能让婆婆改变自己的态度，你们的关系也会得到改善；第二种药物像水般，让你更加有弹性、不在意别人的看法、不会去过度在意婆婆所说的话，但是你不会有勇气去改变婆婆的态度。选择的权力在你。不管你怎么选，我都会设计出一个配套的药物组合与疗程长度。"

像这样，案主与心理咨询师如同第一线的战斗部队，当他们发现前方有无法克服的障碍时，就呼叫后方（心理医生或精神科医生）进行精准投弹。在人类意志无法做到的地方，由医生选用适当的药物充当短期火力支援，让案主能再度往前进。

医生能够调控药物的副作用与作用，以分辨出每种药物在自我疗愈或心理治疗中扮演的角色，就好像制造各种辅具一样，万一腿断了，人们会愿意选择某一品牌的拐杖与石膏，而不会想要用"意志力"来让自己站起来。人们更不会在腿康复后，继续依赖拐杖而不愿意丢掉。心理问题的用药也应该是这样，在医生的协助下，由案主进行主体性的药物选择与治疗。

突发性焦虑的控制

"突发性焦虑"指的是那种突然发生，会让我们出现完美主义调适策略的焦虑。常见的情况像是：老板交代了紧急的工作、未预期的客户会议、临时的危机处理，等等。

在急迫的状态下，上述的腹式呼吸、肌肉放松术、静坐与冥想、主体性药物运用等，依然能有效缓解焦虑，然而，基于"突发性焦虑"出现的随机性，人们往往在时地不宜的场合遭到焦虑袭击，如办公室、汇报厅或宴会场所等，此时，有效的解决方案通常必须符合"快速缓和焦虑"与"动作不能太大，以免被旁人发现"这两个要件。

在这样的情况下，除了悄悄吃下一颗短效抗焦虑剂以外，能帮上忙的方法就比较有限了。因此，另外提供大家几种做法，来缓解突发性焦虑带来的影响。

缓解焦虑对策① 转移注意力

"转移注意力"是最有效也最简单可以对抗突发性焦虑的工具。

想象一下，焦虑就如同一把火，当它烧在当事人身上时，你越是想扑灭它，就越会因为做不到而感觉一切快要失控，这样的失控感正是焦虑的滋生源，往往会导致你更加急促不安。这种类型的思维通常是这样的："现在有点紧张，但我要控制住，不能被人发现，可是我却无法控制，糟糕，我更紧张了，怎么办？"

请记住，不管是旁边的亲友还是自己，都不要把话题或思考焦点专注在引发焦虑的点上，因为不管你安抚、指责、支持或做任何处理，你都得把那个引发焦虑的事件重新想一遍，这样做相当于提油灭火。

建议的做法是，用你能想得到的方式，加上一点幽默感，把注意力转移开来。比方说，在街上行走时，绕道去看一下街头艺人的表演；在办公室里，去跟旁边的同事聊聊天；在开会中，稍微捏一下自己的大腿（痛觉也可以转移注意力）。用各种你能想到且有效的方式，把注意力移开，渐渐地，焦虑之火就会因为没有注意力的燃料补充而熄灭。

缓解焦虑对策② 利用平时练习的"生理反馈"控制心跳与呼吸

生理反馈是透过量化心跳与血压的方式，让自己学会用放松技巧来控制自律神经。简单而言,生理反馈就是要借由练习,将原本不受控的自律神经与大脑的神经回路给打开,此后,你便能凭借意志力来调节心跳、血压等。

一旦你平时学过生理反馈,遇到焦虑事件时,你就可以直接透过意志来强迫自己放松。通常情况下,只要心跳、呼吸频率、血压中的任何一项下降,焦虑就会跟着下降。

在日常生活中训练生理反馈

练习生理反馈的实际做法有点复杂,不容易讲述,其中一种方式是借由计算机辅助的生理反馈仪来辅助训练,另一种则是在家拿个血压计就可以开始练习。练习的方式请直接搜寻"生理反馈",通过影片学习,效果会比文字说明好很多。

缓解焦虑对策③ 强迫自己慢慢说话,动作放慢

这是没学过生理反馈的人立即可以使用的方法。因为焦虑会让人讲话急促、动作加快。你只要"刻意"把讲话速度放慢，把一举一动放慢，并且告诉旁人，你这样是在对抗焦虑，不要紧张，就可以了。

当你的动作与语言都以两倍的时间放缓时，你会发现刚刚的紧张感也随之得到纾解了。

缓解焦虑对策④　使用短效且速效的抗焦虑剂

面对突发性的焦虑时，抗焦虑剂的使用策略与长期性焦虑的用药策略是截然不同的。

长期性焦虑的用药，以长效为主，而且建议患者规律服药；突发性焦虑则以短效、药性能在短时间爆发完的抗焦虑剂为主，而且，是在个体感觉到有焦虑要发生时，马上开始服用。

关于抗焦虑剂的服用

这类药物属于备用性质，如果没发作，不建议规律服用。当然，实际剂量与服用方式仍以临床医生的判断为准。

处理过高的自我期待

"焦虑"是引发完美主义行为的主因,学习调适焦虑最能立即改善问题,但如前所述,引发焦虑的是"自我期待"过高,加上"自我评价"过低,因此,要根本解决焦虑问题,就要想办法缩短"自我期待"与"自我评价"之间的差距。以下提供几个方法来帮助我们降低自我期待。

发现真正的需求,而非透过卓越感来间接满足

很多人之所以追求卓越、对自己要求很高,实质上是来自潜意识的自卑感。进一步来说,他们在潜意识中存在着某些障碍,无法跨越,也得不到满足,不断地感觉到挫败,只好转而通过学业与事业的成就来取得替代性满足。

举个例子。一位在商业领域取得重大成功的女性,她的事业史是一段不断升职与跳槽的超车历程,然而,就在她爬上事业顶峰时却陷入了严重抑郁。尽管身边长期有众多追求者,但她始终相信一个人能过得更好、更自由、更能展现自己,也因此一直保持单身。

面谈一段时间后，她才羞赧地说，她从来不是那个外表看起来有自信、绽放着强大光芒的样子，其实心中深藏了一个极大的恐惧——在情感上遭到拒绝——友情如此，爱情更是。从小父母因为工作的关系，将她和妹妹托给亲戚照料，她不断目睹亲戚们怎么偏爱自己小孩，又如何嫌恶地将她俩视为累赘般推来推去，她们总是用尽所有讨好的本事，才有一点寄人篱下的空间。当父母下班回家后，她们又为了不让家人担心，配合大人们的虚伪演出，把所有委屈都往肚子里吞。

她从小就不认为自己是值得被爱的小孩，更不相信有人会真正爱着她，偏偏又期待有个人能无微不至地照顾自己。然而，她却恨透了这样软弱的想法，也用尽全力让自己变得更好、更独立、不需要依赖别人。直到爬上了事业巅峰，她才发现没有人理解偶尔也会脆弱、会忍不住掉泪的自己。

她真正的需求，其实是"被接纳"与"被爱"，然而，基于成长时期的创伤经验，内在的自卑让她选择"不被爱"——具体来说，在任何一个她看得上眼的对象可能爱上她之前，她就会主动让关系结束，而后再用事业上的成就来满足自己。因为她无法承受爱情开始之后，得而复失的痛苦，又害怕对方终将发现自己只不过是个金玉其外的空壳而离开她。

为了对抗感情上的失落，她拼命努力，直到用尽全力爬到高级主管的位子，但"被接纳"与"被爱"的需求依然匮乏，内心也开始走向崩溃，因为她发现自己已经无计可施。

同样的情节随处可见。用尽全力念书的高中生有个被全班排斥的创伤经验，在初一遭到霸凌后，他失去了开朗活泼的笑容，只能期待在成绩表现上取得优势，以弥补不敢交友的痛苦，而不知情的父母以为他开窍了，懂得了学习的重要性，还时常拿初中的经验称许他。

◇

许多人深信只要不断努力，追求卓越，让自己感觉良好，就会有个美好的未来等着自己。因此，当看见朋友、同学一个个结婚，自己却孑然一身，找不到可以长久陪伴的对象时，便努力排满行程，渴望活得比别人更充实；看着昔日健壮的父母一天天老去，在病榻上风烛残年，只好一肩扛起家中的经济重担，却不敢叫苦；看见年幼的孩子一日日长大，自己却缺乏时间陪在他们身旁，注定在孩子的重要生命历程中缺席，于是更加拼命赚钱，想让家人衣食无忧；不知道自己为何而忙、为何而战,人的一生,难道就要如此度过吗?马不停蹄地努力,一路追求卓越。

曾经有一位优秀的研究生,因为写不出论文,在两度休学之后,辗转拖到硕四面临被退学的困境。经过多次咨询后才发现,原来这位研究生的父亲是个外遇惯犯,他与母亲相依为命,内心深处一直想补偿妈妈坎坷的遭遇,以证明父亲的选择是错误的,于是他要求自己在课业上样样都要表现优异。没想到的是,他如愿以高分被研究所录取了以后,不顾其他人劝阻,选了一个超出硕士水平的题目,却因为资源不够,实验又做不出来,眼看着同学们陆陆续续毕业,内心越来越着急,于是开始逃避,整天打电动游戏、外出找朋友大吐苦水,回避老师的关心,无法面对自己真实的困境。

"追求卓越"宛若一件看似华丽的衣裳,里面却藏着每个人的阴暗面,从不够风趣、拙于言辞、不被接纳、被同侪羞辱、担心父母离异,到收入比不过别人、得不到社会认同、害怕自己不够成功……

追求卓越固然能带来部分的愉悦感，但背后可能会付出巨大的牺牲，导致成本与收获渐渐不成比例，甚至让"自我期待"无止境地提升。当完美主义者面对这样的困境，唯有找到内心的渴望，满足真正的需求，才能有效地让不安定的心灵平息下来。

尽管我们告诉自己输赢没那么重要，却难以看穿其间的虚幻，最主要的原因在于：**我们一直品尝着"超越别人"时带来的征服感**，以满足我们心中久病难愈的缺憾，这里面有未完成的梦想，有年轻时对未来的美好想象，有与自己渐渐无缘的理想中的大人模样。由于缺憾一直存在，我们会紧咬着"赢的感觉"，有如鸡肋，却无法丢弃。

"时间"则是另一个麻烦的捣乱因子。它犹如毒品般，让初试啼声的年轻人过度膨胀了想象空间，混杂了对社会现状的不满与肯定自我的期待，人们轻易地把自己锚定在一个高不可攀的成功地位，仿佛只是时候未到，而假以时日，没有什么是自己办不到的，而且于功成之日，他们甚至会要求自己在行为效率、道德操守、气度胸襟等各方面，都还要比别人表现得更好。

随着时间流逝，早已对那些美好感到成瘾的人们，终究得面对现实的无情考验，过往的自我勉励、期许与砥砺，都可能在屡次事与愿违之下，转化为内心的不平衡与被剥夺感，也开始被比较心与忌妒蒙蔽了双眼，随着年纪渐长，逼迫自己的压力也就越大。每一双见不得人好的红眼里，都躲藏着当年"等到闯出一番天地后，我才不会像某某某那样，我要如何又如何"的愿望与初心。

此时请记得，**找到心头真正的痛苦与恐惧**，也就是你深沉的匮乏、未被满足的需要，勇敢去面对、了解、解决——但无须谴责，你才能终有一天放过自己。别因为他人似乎活出了你想要成为的样子，就觉得自己一无是处，因为那些东西原本就不属于你，你该拥有的一切早就存在于你的生命里。

看见"不努力的自己"也有可爱之处

"在这世上，你之所以被在乎，是因为你本身，还是因为你努力？"绝大多数长期在"有条件的爱"底下长大的小孩，倾向于选择"因为我努力"这个答案。只有少数有幸能受到"无条件的爱"关照的小孩，才有能力相信：眼前所拥有的，都是因为自己本来就值得。

与自卑感驱动的高自我期待不同，有条件的爱所驱动的高自我期待，往往影响那些在传统定义里"被视为过得幸福"的一群人，包括物质上定义的富二代、高收入中产阶级的下一代，以及心灵层面上被视为"在父母关怀中长大的小孩"，因为他们往往来自健全的家庭，有重视教育也愿意去上亲子课程的父母。然而，如前一章所提过的，"有条件的爱"是人性中的一环，几乎难以避免，我们很难苛求父母用"无条件的爱"照料下一代，但有条件的爱确确实实会造成子女的负债感，特别是照顾者在物质与心理上同时付出越多时，下一代的亏欠感就越深，由此也会产生"我必须更加努力，以无愧大家赋予我这一切"的想法。

我们无法改变别人对待自己的方式，更无法决定自身的命运，唯一能做的，是做出选择——**相信自己生来就值得别人的付出**；并且清楚地明白，所有从他人身上得到的恩情，你本来就无法完全偿还，也没有人要你加倍奉还。如果你认为你的努力能回报对方，那你也在不知不觉中贬低了对方，认为对方帮助你的动机只是一种投资或利用，你还清了，便从此两不相欠。

就算家人当真对你只是投资或利用，如同养条牛来牵犁一样，你还是可以做出选择。当你不再是那头被拴住的牛，家人也就不再是那冷血的利用者。你可以选择停止为他们而活——这是你能为他们所做的最大宽恕。因为你不再是牺牲者，于是加害者的罪业也就被你赦免了。

敞开心胸，试着看见"不努力的自己"的可爱之处。任何人都有权利像猫一样被搂在怀中，即便不事生产、没有功成名就，也能得到宠爱；如果没人对你这么做，那你就做自己的主人，拥抱自己早已疲惫不堪的身心，把自己的感受放在第一位。不需要辛苦地追赶永无止境的目标，气喘吁吁地拖着脚步，期待能做得更好、更完美，渴望从权威者口中得到鼓励与赞美，其实，你随时都可以肯定自己。

至于具体的做法，我们可以遵循以下几个原则，尝试将这些方式内化在生活中。

自我肯定的秘诀① 停止否定他人

首先是"不否定原则"，停止对别人的否定，学习从对方的行为中发现值得称许或可悯之处。例如：当你看见主管对上级逢迎谄媚，却对自己组员疾言厉色时，你可以选择看见他的焦虑、对自己能力不足的恐惧，而非陷入厌恶的直觉反应——

当然，共情不代表接受，你能体会对方的苦衷，但没有必要因此表示谅解，或是为对方的恶行找理由。

这么做的目的其实不在利他，而在利己，因为深陷于完美主义的人特别难包容不完美的自己，任何为自己打气（如对镜中的自己说鼓励的话）的办法都难以见效。练习之初，建议先**从包容他人的不完美开始**（相对于自己，别人的不完美比较容易被你接受），在反复练习共情他人，为对方的瑕疵行为找到可取的价值后，这种习惯会让你原本的心态软化，变得比较容易看见自己的优点。

自我肯定的秘诀② 展露真实的一面

其次是"真诚原则"。完美主义者因为不喜欢那个"不努力的自己"，通常只愿意呈现表现良好的那一面给别人看，这么做固然维护了易碎的自尊，却也让那个"不努力的自己"从来没机会得到别人的肯定。

不少完美主义者在遭逢重大危机或健康事故等人生课题时崩溃，却意外发现那个不够坚强的一面反而赢得更多人的好感、尊重与认同，才真正体会到做自己虽然会失去某些肯定，却能获得不少额外的好评。

因此，真诚地展现自己，无须故作轻松，但也不是过度以自我为中心，平时就让别人有机会为那个"不努力的自己"表达肯定，这样你才能更有自信。

自我肯定的秘诀③　回忆美好时光

好好回想那个"开始努力以前"的自己，也许是小学，也许是幼儿园——那个还有欢笑、不知道什么叫比赛得分和排名、还没学会和他人竞争的年纪。当时的你，是不需要成就、不用证明自己也能活得自在尽兴的。

想想你当时会做些什么事，现在的你不妨为自己拨出一点时间，去做那些事吧。

厘清潜在的生命创伤

创伤是生命的转折点，隐藏在人生幽暗的角落，即使随着时日推移，细节逐渐被遗忘，其影响却依旧深远。

你可能想不起来当时确切发生了什么事，只依稀记得自己的情绪，可能是悲伤或者绝望。但重要的是，自那之后，你的人生有了改变。以前能让你高兴的事，不再能使你感到兴奋；你的脸上逐渐失去笑容；过往欢乐的时光销声匿迹，往来的朋友散居各地，断了联系；你常去的地方、常做的事情、常说的话都在不知不觉中改变了——而你甚至不记得发生了什么事。

这就是创伤的存在迹象。

小学被排挤的记忆、中学被霸凌的经历、被分手的伤心回忆、被同事在背后捅一刀的背叛感、爱情里的不忠诚、生养小孩后自我价值感的贬低（这是许多人共有的创伤）、因为家庭而离开职场的失落……终其一生，创伤如影随形。而创伤，又是容易引发提高自我期待的罪魁祸首之一，因为人们总想要证明**"我没有受伤"**，从而过度逞强，用尽力气向别人展示自己过得很好，却没有办法得到真实的满足。

倘若你正在经历创伤，尽量把内心的感受让信任的亲友们知道，不要一个人承受。当你越能够用言语来表达痛楚，创伤加诸于你身体的痛苦就越能得到减轻。倘若主客观条件不许可（如工作忙碌、暂时无法相信别人等），或者创伤经验已经是过去式，那么，你可能需要求助于专业的心理咨询师或精神科医生。适当求助于心理咨询或心理治疗能极大程度减轻伤害，避免创伤经验的长期影响，必要时可以辅助短期而有治疗计划的药物治疗，以便能让你快速适应高压的工作、繁重的课业或角色上的期待。

提醒自己不要成为特别人物

人们经常会期待自己能成为被重视、被尊敬、被崇拜，甚至是万中选一的英雄，或百年难得一见的奇才——这是人之常情。如果你没有这些期待，少了如山高的重担，固然可喜；如果你有，那也并不可耻。

问题在于，你是那个天赋异禀的奇才吗？事实上，多数人充其量都只是普通的天才，需要经过大量的努力才会有成就。那么，你要为自己的伟大付出多少人生成本？你该凭借什么脱颖而出？最后，就算你实现了眼前梦想，是否又会陷入自我怀疑，渴望更高的成就？而这一切有让你得到真正的快乐吗？

我无意浇你冷水，反而想提出一个更具体的方案，让每个人都有机会达成自我实现。这个关键就在于"利他"。

当你全心全意把注意力放在个人荣耀时，你有可能会变得更加患得患失，即使获得了成功，仍会担心下一刻是否会落入失败，而这些未必能让你自身的能力有所提升；更糟的是，或许还会让你遭人忌妒、四处树敌，让你事倍功半，平添成功路上的各种变数。

相反地，当你一心在为别人谋福利时，你会放下自己的玻璃心，把脸皮拉到最厚，试想：与争取自己晋升的机会相比，为了团队成员们争取应有的差旅补助时，你是不是更能义正词严、为公忘私？大义凛然之际，对方也比较缺乏立场与你对抗，你的战斗力等同暴增数倍。

最为吊诡之处在于，当你越是真心为别人而战，而非假借他人之名行利己之实，你就越能摆脱患得患失的束缚——这便是"利他"的妙用。

与大多数人的想法不同的是，利他与利己未必是对立的。然而，你必须设法透过巧妙的安排，在实现"利他"的行为中，成就更高层次的"利己"动机，达成生物学上互利共生的状态。

自古以来，几乎没有一个伟大人物是以成为世界英雄为目标的，是他们的利他行为证明了自身的伟大，至少，他们的行为直接或间接地引起了历史轨迹重大的改变，回过头来支撑了主人翁的历史地位。例如，如果普朗克没有将爱因斯坦介绍给物理学界，后者可能就无法改变并解决当代的诸多难题，如此一来，就算爱因斯坦再聪明绝顶，他也绝对不会是今日的他。

因此，想"成就自己的伟大"这想法并不可耻，却要从看见别人做起，一旦要关心他人，你就得先学会共情别人的需求，而不再是成天关心自己表现得够不够优异。一旦你足够谦卑，越能赢得大众的肯定，你就越有机会成为众人眼中那个伟大的人物。

千万不要把自己关在象牙塔里，失去与社会的联结，暗自努力，却因为自身的怀才不遇而感到失望——这样的想法反而会把你的自我期待推到无限高，让你寸步难行。

提升过低的自我评价

过高的自我期待,会使目标遥不可及,让人觉得投入再多努力也不够;而过低的自我评价,却让人看不见自己的任何努力,无论奋斗再久、成就再高,也无法激发自信或增强动机,甚至会让人轻易放弃既有的成就,随意转换跑道,一切归零后,又重新再来,徒增焦虑,最终诱发完美主义行为。

如前所述,成长环境、自卑感、创伤经验、长期被否定等原因,均可能造成自我评价不足,然而,不论成因为何,一旦自我评价过低,就很容易质疑自己的成就。旁人的肯定,通常只会引发"对方是不是在安慰我?"的自我怀疑,会造成正向增强系统的瘫痪,导致人们无法通过努力来获得别人的正向反馈,进而缩短现状与理想间的差距,消弭那无止境的焦虑。因此,降低自我期待与提升自我评价,同为改善完美主义的关键。

寻找生命的闪光点

倘若你曾经在某个情境下,有过相当有意或满足感的一刻，也许是自我得到了充分的展示、获得了众人的支持，或实现了长久以来的愿景——无论是什么，这都是一个非常重要的线索，因为这件事隐藏着你内心真正的渴望。它在综合了你自身的人格特质、群体动力、当下情境、现实反馈等诸多条件后，让你这个人以这样的方式得到了满足。那一刻，我们称之为生命闪亮点。

我们未必能理解，为什么你在生命闪亮点会有如此的悸动？事实上，不懂也没关系。我们只需要知道，你曾经那么精彩、丰盈、有自信、精力充沛地活在生命中的某一刻，那么，你就完全有可能用同样的方式，再次燃起同样的星星之火。

问题在于，大多数人被问及"是否经历过生命闪亮点"时，当下的回答都是否定的，在他们的回忆里，生活就是如此乏味与一成不变，总认为与快乐相比，人生中更多的是磨难与痛苦。然而，这真的符合事实吗？

你不妨回忆一下，小学低年级或幼儿园时期的自己，是怎么过日子的？孩子的世界里绝非无忧无虑，更没有你想象得那么天真与简单，但他们依然有办法在烦恼与未知的隙缝间，长出欢乐的枝丫。

还记得小学一年级时校门的颜色吗？那是什么样子？从大

门到你的教室，会经过哪些地方？你坐在教室的哪一个角落呢？跟同学一起做过哪些傻事？下课的时候，你又会做些什么、跟谁聊天说话？

很有意思的是，许多人回答不出上述的问题，却牢牢地记住被同学霸凌、回家看见父母吵架、被亲戚嘲笑讥讽等不愉快的事件。记忆如同筛子，把你所有的痛苦都遗留了下来，却把其他的情绪与经验一起筛掉——**当然，也包括所有的美好时光。**

原因在于"痛苦"通常伴随着对生物有威胁性的事件一起出现，是一种非常重要的讯号，在神经系统中会被优先处理，以保护个体的生存。对现代人类而言，可能的伤害事件就如同被偷、被诈骗、落榜、被开除，都会损及财产、权利、生涯发展、名誉等个人利益，**其中所产生的"痛苦"自然会被大脑视为重要讯号**，给予高度的处理权限，让你能快速且反复想起与痛苦相关的事件。相对地，其他经验的优先级就会被降低，甚至被高度压缩后，丢到记忆深处，让人难以提取。

这是一种生物的求生本能，然而，在现今社会快步调的生活节奏中，抽象性的情绪威胁（如被嘲笑、被排挤、被讨厌、被已读不回）比例却高度增加，网络打破了人们的接触面向，讲错一句话的代价可能是群体的讥讽与谩骂,这些非实际物理性伤害的事件所产生的痛苦,照样会被大脑以最优先顺位保留下来,而排挤掉其他有价值的经验。

因此,你不妨观察看看,在你的脑海里,会影响你自我评价的经验,是不是越负面,越是深刻而有力量?

为了改善这情况,我们必须找回那些失落的记忆,以及蕴含其中的生命闪亮点。尽管我们无法阻止大脑执着于重视"痛苦"的本能,但我们可以还原出其他生命经验,将本来遗落在深渊的快乐记忆再次找回来。

◇

你可以从日常的兴趣着手,想想自己在做哪些事情的时候,会打从心底感到快乐?觉得自己很棒?如果想不到,可以问问你的朋友或家人:"我在做什么事情的时候最忘我、最尽兴、最投入?"

倘若你能找到很多生命闪亮点,你就会开始感觉到自己生命的丰富,不再因为痛苦的创伤而显得单薄无助,自我评价也会随之上升,对于完美主义最直接的帮助就是——发生拖延、逃避、批评、转换跑道等非典型完美主义行为的概率也将明显下降。

发现生命贵人

有人的地方就有纷争，有关系就会发生冲突，在实际生活中，我们看到了无数人孤独地活着，身上满是伤痕。比方说，父母的情绪勒索、亲戚争产或争风吃醋、同学霸凌、职场冲突……

然而，生命就像一个等式，有减法，就一定有加法；有伤害，就必然有抚慰；有小人，就会有贵人。生命会自然找到它的平衡。因此，能存活到此时此刻，看到这行字，就代表着你背后有无数人（包括你自己）的努力，才让你有力量走到今天，你的生命中必定存在着许多贵人，也许是多年眷顾的亲戚，也许是在千钧一发之际拉住你的陌生人，因为有他们，你才得以在这里。

由于大脑的威胁性优位原则，生命中的贵人也会如同生命闪亮点般被我们所遗忘，而我们却始终惦记着曾经伤害过自己的人，而且伤害越深，越是挥之不去。于是，伴随着生命中那些贵人所带给我们的一切美好，包括惊喜、希望、被接纳感也就一同消失了。

我们得用心思考，将这些贵人给找回来。有些人可能已经不在人世，只能让他们留在记忆中，继续相伴在身边，让我们知道，当时的自己在峰回路转中，如何体会到柳暗花明又一村的希望；有些人可以从手机联络人中找到，试着打通电话或发一条短信过去吧。

一位孩子在外地念书、整天与丈夫讲不到几句话的中年妇女打了这么一通电话，联络上她离开职场前的同事，对方也是她最要好的大学同学。刹那间，美好的时光都回来了：大学的迎新舞会、社团的成果发表、巡回的公演、约好的逃学、在草坪上畅谈对未来的憧憬、录取时的欣喜之情——这位大学友人在短短的十几分钟里，便将她从空巢期的孤单、茫然的低潮状态中给拉了出来。

挂断电话后，一切还是要回到残酷的现实？当然不！这位女性找到了更多失联的当年好友，一一联络，还约她们出来。为了跟大家见面，她重新添购新装、减重、学英文，甚至定期上健身房运动。生命从此有了不同,她不再是过往那个自怨自艾的母亲——她的自我评价已经大幅上升了。

◇

清点自己的生命贵人,还会引出一个疑问:"为什么他们愿意帮你?你究竟有何价值?有何贡献?不然为什么他们要协助你?"

对于低自我评价的人而言,这个问题的答案往往是"我很努力"或"我在关系里也有付出",就像上述那位女士一直不敢跨出第一步的原因就在于:"这些年我在维持友谊上一点努力也没有,别人为什么要理我?为什么要帮我走出来?"然而,事实是他们伸出援手了,不为什么,只因为她是她——同时也是他们的老朋友,这就是唯一的理由。

换句话说,长久以来人们所深信的"你必须表现更好,别人才会对你好"这般教条,在多数时刻只是一种误想。我们总认为有些人帮助你,不是因为你让他自我感觉良好,就是因为他喜欢你,你想象不到其他的理由。然而,习惯透过付出以换取他人回报的你,就算没有办法时时刻刻保持最佳的状态,无力关心他人，也依然有价值。学学沙发上慵懒的猫，什么都没做也能惹人万般怜爱。

暂时停止思考生命中那些小人对你的伤害，把所有曾经的贵人找回来。认真想一想，如果没有他们的话，你的人生会变成什么样子，或许更惨、更艰辛、更孤独。而你也会因此发现，你一直在意"自己不够好"，但这件事除了你以外，根本没几个人注意到。甚至，连生命中的小人也一样，你做得再好也没用，他们根本不在意，照样想伤害你，所以你其实没有必要为了他们而活。

回想生命贵人最大的好处在于：找"人"比找"事"更加具体可行。找回一个生命贵人，就会重获"生命闪亮点"，开启更多联结其他生命贵人的线索，而随着生命的色彩越丰富，你也就越有自信，自我评价越高，从而摆脱人生的无意义感。

创建成功经验

如果将生命闪亮点与贵人视为向"过去"搬救兵，那么，对于"未来"的努力，就要靠你有效创造成功的经验了。

心理学已经证实：倘若X轴是压力值，Y轴是表现值的话，人类的压力与表现会呈现出一个先升后降的钟形分布。压力值极低的时候，表现值也很差；随着压力值增加，表现值快速上升；然而，当压力值接近峰顶，表现值的增加就越来越慢，到了顶点，表现值就达到极限而不动了。倘若你继续增加压力，表现反而会下降，加压越多，表现降得越快。

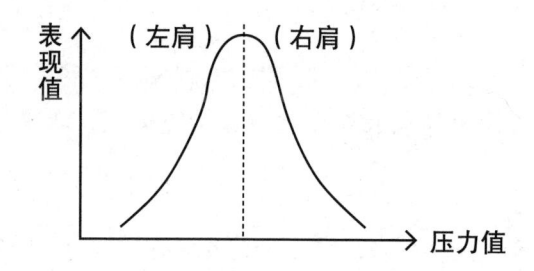

因此，判断自己的焦虑度是在钟形分布的左肩还是右肩非常重要。倘若是在左肩，代表压力不足，增加压力，有助于提高表现；如果已经来到右肩，增加压力，只会降低表现，此时减压才是上策。

完美主义者容易用提高压力的方式来驱使自己行动，经常直接冲到钟形分布的右肩，然后发现：继续提高压力，表现却越来越差，导致你更加焦虑。

在这"压力–表现"的模型下，如果要提高表现的极限值，就得提高行动效率，让你在同样单位的焦虑值下，产生出更高的表现值。

然而，行动效率建立在自我信心之上。倘若你每次工作都失败，不要说别人对你没信心了，连你自己也会失去动力，于是便很难摆脱这样的阴影："这次我会不会做了又失败？"只要这阴影存在，你就放不开手脚，连带地，别人也不敢交托任务给你。

因此，快速累积成功经验，对于完美主义者来说非常重要。成功经验可以让人信心大增，将单位压力更有效率地转化为更多表现，这么一来，完美主义者就有"努力"以外的另一种选择来提升自己的表现，从而大大降低焦虑感。

具体做法就是"**从简单的事开始做**"，宁可"以大欺小"，也不要"越级挑战"。越级挑战固然可以快速获得成就感，但是失败的风险过高，如果考虑期望值，其实收益可能会是负值。

按部就班、循序渐进，从简单、擅长的做起，脚踏实地地慢慢调高难度。不要抱怨主管总是给你太轻松的工作，事实上，就算主管低估了你的能力也好，不知道该给你更具挑战性的工作也罢，你依然可以从"被低估"的过程中，用全力以赴的态度来享受大获全胜的喜悦。

当然，你可能会感到恐惧，万一我连简单的工作都失败了，怎么办？

这是一个非常值得重视的人性陷阱。有很多人因为担心简单的任务失败了很丢脸，从而刻意选择自己做不来的工作，好合理化自己未来的失败——然而这么做，只会让你习得"失败"的经验，并且越常使用"明明知道做不到却偏要去做"这个方法来逃避核心的问题。

让反复的成功彻底改写你内心深处的自卑感。

虽然不容易一下子就克服内心的障碍，但只要开始稍稍偏离原来的轨道，时间一久，我们依然会收获巨大的改变。对于长期得意的优胜者，或者在自己专长领域越来越得心应手的人，自我评价不高的问题终究有一天会被战胜。

有限度使用药物治疗

有些精神类药物和保健品有助于提高"自我评价"。

是的，你没看错，真的有药物可以改善一个人对于自己的评价。这种效果最早是在抑郁症患者中观察到的，他们对自己过度的贬低与极端的负面思想在药物治疗下发生了改变。经过数十年验证，目前临床医学界已知有三个方向的几个药物家族对于抑郁症有帮助，整理如下表。

常见的抗抑郁症药物

改善方向	药物
血清素系统	选择性血清素再摄取抑制剂（SSRI）、血清素拮抗剂和再摄取抑制剂（SARI）、血清素和去甲正肾上腺素再摄取抑制剂（SNRI）
去甲肾上腺系统	去甲肾上腺素和多巴胺再摄取抑制剂（NDRI）
褪黑激素系统	褪黑激素促效剂（MT）

这些药物使用在自信不足、容易情绪低落，但尚未达到抑郁症的个体身上，仍然会产生稳定情绪、改善自信的效果。其中，对于人格引起的"空虚、孤单、寂寞"，NDRI的效果不错，反应速度也快于其他药物，第一波反应会在几天内就出现。

然而，如果没有搭配心理咨询或治疗，光是想靠药物来改变人格特质，成功概率并不高。而且，就算使用，也得谨遵医嘱，且仅适用于短期，一般不建议长期使用。

关于改善自我认知的药物

使用药物来改变自己,让个性变得更加符合期待,这样的做法虽然合法,但已经超出药物最初上市的治疗目标。因此,在使用前,必须咨询专业医生的意见,而且必须配合心理治疗,让个体在充分理解自己的问题时,在希望改善而力有未逮之处,助上一臂之力。

让完美主义成为你的助力

拥有完美主义性格并不代表我们有缺陷，不需要想着该如何将它"治好"。完美主义是一些行为特质的综合，由于内心的自我期待超过自我评价，焦虑随之产生，并最终突破自我防卫，引发了各种不同的完美主义防御机制。

有的机制有效率，有的机制的效率比较不佳，然而，无论如何，我们只要知道，完美主义的行为之所以会出现，是身体为了缓解我们内心涌现的巨大焦虑。

一方面，我们要熟练控制这个焦虑，让它犹如引擎内的火焰一样，产生大量动能，带着我们往前移动，而不要让焦虑蔓延开来，变成火烧车。另一方面，我们需要调整自我期待与自我评价，让这两个标准维持在一个适当的距离——太小会丧失斗志，太大则会产生焦虑。

我们要适当选用行为调适机制，让你的完美主义行为刚好符合社会所需，让彼此都满意，如此，问题就不再是你的问题。很多完美主义造成的问题来自放错位置，举例来说：

平时从事销售工作的你，由于老板为了节省人力，你必须每个月处理报账、合约等行政事务，你明明不擅长却依然要求自己把这些杂事做得又快又不出错，导致你影响到原本分内的工作，而渐渐累积了挫折感。

谁会欣赏你的完美主义？主管？同事？什么样的工作需要你这种完美主义的人？只要能在属于你的战场发挥所长，完美主义就会是你的助力，而非阻力——当然，前提是你能善加控制内心的焦虑，并好好搞定"自我期待"与"自我评价"这两个巨大动力源。

寻求外援

让完美主义从原本的阻力变成助力，是后现代主义心理咨询中最精彩的过程，却也是最"客制化"的部分，因为每个人的成长背景、学习经历、人格特质、社会地位等状况均各不相同，针对个人条件量身定制一套有效可行的办法，正是展现咨询师功力与创意的地方。然而，我们仍可以根据多数人的情况，归纳出几种常见策略。

首先，请记住一个原则："不要跟完美主义讲道理。"完美主义者最喜欢跟人讲道理，偏偏完美主义个性从不听你自己讲道理——你越是试着理性地制订一堆表格和待办计划、罗列轻重缓急、对镜中的自己晓以大义、每天写日记，就越会发现一个无奈的事实："道理我都懂，但就是做不到。"

原因很简单，完美主义衍生于人类的欲望、性格与焦虑情绪，但不管是欲望、性格还是情绪，每一种都更接近生物本能，在大脑中的执行顺序都比理性高，因此，对于辛辛苦苦用理性设计的各种方案，身体根本就不理睬（倘若真有人如此理性，这本书就不会有人看了）。

正因为我们管不动自己的身体，所以才需要另辟蹊径。最重要的就是——寻求外援。找出让你服气的人，也许是长辈、前辈或家人，也可能是同辈、朋友或伴侣，有些时候，甚至是年纪轻、行为表现却让你折服的后辈，总之，你需要一位权威、一位典范，至少是你佩服的人。透过你对他的崇拜或敬重，由他来引导你。

同样是设计轻重缓急的列表，或每天写日记，但只要在别人的督导与协助下完成，效果就会倍增。原因在于，崇拜或佩服在大脑的执行顺序同样高于理性，并至少在情绪之上，由这些"你看重的人"讲出来的话，你的身体就比较容易买单。

增加社会参与

关于社会参与的部分，越无学习性、无建设性、无成长性的社交越好——并不是说浪费时间有助于改善完美主义，而是完美主义者经常过度专注在极少事物当中，导致精力、时间过于聚焦，容易患得患失，也会不知不觉开始与别人比较。结果未知时，经常感到紧张不安；成果不如预期，就有深深的挫败感；即使成果丰硕，也容易招忌，无端树敌。

由于完美主义者过于聚焦在少数事件上，对于其他活动就会兴致缺缺，下意识认定那些不感兴趣的事物为"无学习性、无建设性、无成长性"。举例来说：许多完美主义者一心专注于主管交代的任务，可能会觉得同事间的聚餐是在浪费时间，对于同事发起的甜点制作课程、旅游活动等，更是敬谢不敏。问及理由，他们经常只是说："我想靠工作实力证明自己，不想拉拢人脉求得速成。"然而，寻求工作上的好表现，其实还是期待别人的肯定，不是吗？或许那与透过人际关系寻求肯定并无太大差别，不过是直接与间接之分而已，最终所追求的依然是"被肯定"。

当然，有些完美主义者会恰好相反，过度寻求人和，不愿着墨在实际事务上，以避免得罪他人。不管哪种状态，都在反映完美主义者内心的恐惧——一心想复制自己有过的成功经历，害怕跨出舒适圈，不敢去多方尝试，结果就容易造成生命经历越来越单薄，而行为也越来越难改变。

如果能多多增加社会参与，比方说，和同事下班后小酌聚会、周末约朋友到户外野餐、与伴侣相约打球运动，让生活体验越来越丰富，就越不容易拘泥在完美主义中。

留意生活中的细节

再来，记得时时留心你认真生活的每个细节。举例来说：完美主义者可能在工作时全力以赴，但居家环境却一塌糊涂，或是平常不太注意衣着穿搭。理由往往是因为：工作很重要，当然得全力以赴；回到家已经那么累，东西暂时摆着，晚点再收无妨，反正没人会看；外观仪容无关乎能力，只要整洁就好，欠缺美感没关系。

基本上，这样的想法并没有错，但过多将注意力集中在被归类为"重要"的事务上，反而会增加焦虑，让完美主义更加固化。因此，普遍地关注生活中的各种细节，比如逛街、周年庆、过年、赏雪、演唱会、团购、泡温泉——参与各种再平凡不过的生活事件，反而不会在特定事务上追求完美。

对任何事物皆保持一致的态度

最后，在不危害自己利益的前提下，保持一致性，尽可能在任何场合、任何情境下，都用一样的态度去面对，而不是针对特定几个"重要的事件"力求表现。这么做，等同是要向别人展现出最真实的自己。你有几分，就表现几分，不特别努力表现，用最自然的态度去面对每一个人。这讲求的就是"**展现真实的自己**"——当然，前提是不要因此而造成重大损失，如得罪不能得罪的人、丢了工作等。

在现代社会中，最后一点可能也是难度最高的，但即便只是前三项：寻求外援、增加社会参与、留意生活中的细节，也已经能发挥很大的改善效果了。

自我囚禁的人 / 完美主义的心理成因与自我松绑

第四章
与自己的完美主义对话

完美主义者所关切的，大多围绕在自己身上。只要有办法从自我中走出来，完美主义者的困境，就能大幅减轻。

第四章　与自己的完美主义对话

完美主义是一种行为模式，往往伴随人的一生。我们不需要执迷于寻找像是"完美主义到底好不好？""该不该改掉完美主义的习惯？"等问题的答案。相反地，应该学习对自我有更多的理解与体谅，倾听内心的声音，明白自己与别人的不同，以不牺牲人生幸福为前提，在自己的个性与社会约定俗成的规则之间做出适当的调整。

倘若你注定要与"完美主义"相伴走这一生，就有必要更了解它会对你生命的每个时间点所造成的影响。由于年龄、社会角色、情境的变动，每个人将面临的关卡也大不相同：有些会诱发努力与偏执，让焦虑一发不可收拾；有些会触动讨好、逃避、拖延等其他特质，导致情况更加恶化；有些则是由于完美主义的特质，你容易陷在某些困境当中。

尽管对于所有生命事件，我们无法一一详述，但依然希望能作为一种温柔的提醒，如果你正身处相对应的困局中，希望能陪你共同做出一些改变，减轻你肩上的负担。

自我囚禁的人 / 完美主义的心理成因与自我松绑

跟分数赛跑的试炼——考场

考场可能是完美主义发挥得最淋漓尽致的地方，因为考试本身就是一个"努力-被评价"的过程。当成绩揭晓的那一刻，输家与赢家之间的差别，就是个人的"身价"，也会赤裸裸地展现在公众之前。

不管参加什么考试、无论游戏规则怎么制定，通过者必然被赋予某些权力（如升学、就职、取得专业资格等），而失败者也等同被拒绝于门外。前者会将"**希望成功**"的欲望极大化，后者则是明显增强"**恐惧失败**"的担忧，而这两者加起来，就成为引导人类基本生存动机中的"成就动机[1]"，而对完美主义者来说，这正是最强的催化剂。

因此，对于面对考试压力的人们而言，要从完美主义中脱身并不容易，因为主客观局势都有利于完美主义的生成。摆在眼前的难题便是：考不好、上不了好学校、进不了好公司、无法升职、拿不到证照或执照，这些是社会经济地位上的事实，

---

[1] 成就动机是个体追求自认为重要、有价值的工作，并使之达到完美状态的动机，即会以高标准来力求自己取得成功。

不是安慰几句"放宽心""要练习转念"就能显著改变的。

对于实际上的利益，我们无可置否；然而更多时候，驱动人们奋不顾身的，并非利益，而是连考试成绩都不能满足的欲望。针对完美主义背后常见的成因，列举如下。

来自父母或其他教养者过高的期待与过多的批评

父母或其他家人（如祖父母、亲戚等）在教养上的态度，常常是构成完美主义特质的主要原因之一。过高的期待与过多的批评，都会让下一代的自我期待变高，而自我评价也随之降低，导致他们对自己永远处于无法满意的困境。

然而，光是要求父母等教养者去"了解并改正"自己的行为是不容易的，因为他们之所以这么做，往往也是深陷在家庭动力中，身不由己。所谓的期待与批评，不过是将自身的挫败、无力、愤怒等诸多情绪，转而投射在孩子身上而已。

举个例子来说明。有位年轻时髦的女性，从英国留学回来，生育了两个孩子，一男一女，家境宽裕，孩子们在私立学校的表现也相当突出，各种活动都主动参加，获奖无数，才艺和运动都精通。然而，这位妈妈仍然极严格地要求孩子的课业，若考试没考满分，少一分打一下，铁面无私。后来，两个孩子到了青春期，都因为严重的完美主义——甚至是强迫症的问题来求诊。

绝大多数人会直觉认为孩子的问题源自妈妈的过度严厉。这想法或许正确，但光是指责，并没有办法解释：妈妈为什么要这么严厉？

原来，妈妈在英国就读大学时认识了先生，双方家境殷实，虽然是自由恋爱，但婚后受限于传统，先生决定回国继承家业。由于经营的是传统产业，在外不免应酬多，先生经常喝得醉醺醺回家，倒头就睡。这位妈妈从婚前自由自在惯了的女孩，一下子变成要带两个小孩的家庭主妇，落差实在太大了。原本对家庭生活的憧憬、对事业的梦想，还有自我价值感等，全部都落空了。

然而，这位妈妈浑然不觉自己仍受到父权社会的礼教思维束缚，不知道自己"有权要求"先生分担家务与共同经营家庭生活，以为先生工作这么辛苦、外面又没有女人，已经尽到丈夫的义务，加上婆婆对她的家世与得体的应对相当满意，待她也算不错，因此，她认为自己的正当要求都仿佛是"不知足""不知感恩""想太多"，而只好忍了下来，压力过大时，往往会把脾气全部发泄到下一代身上。不自觉地，她把孩子当成自己的"事业"来经营，用尽全力来证明她并没有身价贬值，结果导致两个小孩承受了难以负荷的心理折磨。

当然，故事绝对不会这么简单，事实上，两个小孩追求完美的原因也不一样。哥哥说："妈妈天天对爸爸发脾气，只有看到我考满分，才会有笑容。"而妹妹则说："我跟哥哥的家长会是同一天，但妈妈总是参加哥哥的，从来没参加过我的。"

这样的故事，剧情不论怎么改，结果可能都是相同的。比方说，我们将上述故事中的女主角换成一位中产阶级的女性，她依然有机会对小孩做出同样的事，然后说："婆婆对我永远不满意，再加上小姑看我的那副嘴脸，我不能让她们看不起我们家，一定要证明给她们看！"

要是把丈夫的人设也修改一下，状况可能更糟，例如：先生为了照顾家庭，选择不继承家业，而跟朋友另外成立一家小公司。先生选择维护太太的结果，有可能会让婆媳关系更加紧绷，表面虽然趋于平静，但小两口儿会知道需要拿出点"什么"来平息婆家的压力，倘若先生的创业之路不顺遂，那么，压力就有可能转嫁到下一代。

自我囚禁的人 / 完美主义的心理成因与自我松绑

◇

即使我们把家世背景改写成中产家庭婚姻，大幅降低富豪家庭常见的亲属关系压力，那么，新的压力源就会转为生存问题——在高强度生存竞争的工商业社会中，双薪家庭的家事分担与教养问题，向来都是个难解的课题，当父母都在为竞争而奋斗时，不免会将生存焦虑移转到孩子身上。

就算父母自身顺遂，也会担心子女跟那些被他们击败的对手一样，缺乏竞争力，或抗压性不足，深怕他们在未来的世界里，成为落败的那一群；倘若父母自身发展不顺，更是难免将未完成的心愿寄托在下一代。

假如，有一方选择留在家中全职照顾小孩，问题更是雪上加霜。一方面，负责经济收入的一方责任更大，压力更重；另一方面，负责照顾家庭的一方同样得面对个人价值、生涯规划、人际互动等问题，毕竟，现代社会已经没有传统街坊邻居的支持系统，全职在家的照顾者必须更能妥善安顿自己，否则，将会在都市的水泥丛林中被孤立。不管是在现实面或情感面上，一旦有了差错，**孩子很可能就成了父母自我表现的替代**

工具之一。

不难想见，父母过高的期待与批评背后，往往有更深的内涵，问题就出在无助的父母，以及孩子"被工具化"上，而这不仅导致孩子可能产生完美主义的倾向，还有可能形成某种创伤性体验。

原生家庭本身的不安全

孩子并非只是被动地等待父母的管教，而是会默默窥探整个家庭的变化。因此，当家庭发生动荡，如家庭暴力、分居离婚、破产搬家等，小孩即便无法理解背后的意义，也不难从父母的表情与举止解读到：有大事发生了。

通常，父母出于保护下一代的心，不会对小孩讲明事件内容，但这只会让小孩把事件想象得更加可怕。而且，在青春期以前的孩子，通常没有能力全面思考问题，总会归因给自己："会发生这些事，一定是我不乖，做得不好，让父母生气，所以才会……"

自我负向归因、信息不足，加上缺乏沟通，不少孩子会通过考好成绩来弥补自己犯下的"滔天大罪"，或者，至少能让父母稍微开心一点。倘若这个心愿达成了，就会更加强化自我期待，进而发展出难以控制的完美主义。这种建立在利他性质之上的完美主义，比受到评价与要求的完美主义还难以撼动。

替代人际关系的障碍

由于考场涉及的年龄层几乎涵盖了儿童至青少年，外加成人早期，这些阶段正是个人受到同龄人影响最深的时候。个人与同龄人之间的关系，自然也会深深影响自己对成就的追求。

除了成就动机之外，个人还存在着**人际动机**与**权力动机**，前者是受到同龄人的接纳与喜爱，是归属感的主要来源；而后者则掌握着控制感，是被尊重的需求来源。无论是人际动机或是权力动机，要遂行意志都需要"他人"的参与，此时，社交技巧与社会化程度便成了关键。

倘若因为社交技巧不足而造成人际障碍的话，我们很容易会退缩回自己的世界，以课业的优异表现来弥补人际上的挫败，内心逻辑会变成："哼！大家都不喜欢我，那又怎样？我考试还是考赢了你们！"像这种由"成就动机"独挑大梁的做法，会让他们为了追求一个连自己也不觉得有必要的成绩而努力，目的只是因为他们不知道怎么融入人群、如何被大家所喜欢。

这类现象从过去到现在都不可胜数，但共通点是：它会造成人们的负面情绪，然后试着透过努力追求成绩表现，来克服自己的无力感，最后就是高估了成就动机。

如果这样的努力是有效的（例如：让父母暂时满意，到处以孩子的优异表现说嘴），那我们对于完美主义的追求会更加坚定、牢不可破；如果这样的努力是无效的（例如：即便成绩每次都是第一，但还是被全班讨厌），那么，我们就会在完美主义之外，因为习得性无助，而多增加了陷入抑郁的可能性。

◇

如果你也曾因为在考试表现上太过追求完美，或者因为结果不如预期而过度苛责自己，那我们在厘清了背后的因素之后，接着来谈谈该如何缓解这样的情况。

从掌握全貌开始

面对自己在考场上的完美主义，最直接的解决之道是——

认识问题的全貌，无论你在其中扮演的是哪一个角色。不管你是突然惊觉不对劲的母亲，还是正置身在痛苦中的孩子，或是在回忆中想起那段不堪经验的年轻人——觉醒，并弄清楚故事全貌，是首要的一步。

刚开始你可能会认为，就算知道问题点，但没办法解决，又能改变什么呢？然而，随着你把每一个"问题人物"不合理的要求背后那个受伤的心揣摩越深，你就越知道该如何去"应付"他的问题。这里用了"应付"两个字——是的，不是"解决"对方的问题，因为你充其量可以建议对方去寻求专业协助，而你置身其中，又与对方有千丝万缕的关联，不可能站在自己的立场去解决对方的困境。

作为身处于系统之内的你，需要学会的，是如何让对方的问题不要成为你自己的问题，例如：面对长辈的压力，你可以与其他兄弟姐妹一起讨论，大家共同分担、互相掩护；或者找其他明理的长辈，成为自己的强力后盾。如果是家庭动荡带给你不安全感，试着好好地跟家人讨论。若是不清楚前因后果，只会更加焦虑，不如说个明白，心里会更踏实。

如果是人际上的困扰，那可能就要视情节轻重，看看是否有霸凌的问题，必要时，需寻求专业的心理协助；若是单纯的人际关系，我有几个建议。首先是观察班级学生的性质，倘若是小团体众多、同龄人个性强烈，有炫富、恃强凌弱倾向较严重者——则通常暗示着老师的教学经验缺乏，或是学生来源特殊（例如：家人长期在海外、富二代、单亲、隔代教养者偏多），类似情况需要孩子跟家长反映，待家长了解情况之后，与学校共同商议处理方式，结果可能是：拆班、换老师、辅导系统多加留意，等等。

倘若班级学生并无特别异常，而是孩子的社交技巧较为薄弱，目前坊间有不少以人际互动为主的营队活动，其中不乏有在业界长年耕耘、颇具权威的机构，每年寒暑假都会举办初中生、小学生的营队；也有不少对教育有热忱的年轻团体投入，资源在网络上都能找到。

其次，如果害怕这类团体会有标签性，转而参加一些冒险治疗的团体也是不错的尝试，形式上虽然以亲近大自然或保育等活动为主，却能为孩子找到一个学校以外的非竞争性同龄人团体，让孩子明白，"优秀"并不是受欢迎的必要条件。

孩子自己如果无法取得家人的支持，那么不要害怕走进心理辅导室寻求协助，如果某个老师不能了解自己，那么，换一个老师也许更好。

总之，把问题恢复原貌，妥善处理好根本性的基础。即便问题仍继续存在，但可以将它对自己产生的影响降到最低，不需要透过表现卓越来取得替代性满足，也就不至于掉进完美主义的陷阱。

复杂的竞争与阶层——职场

尽管职场跟考场经常是重叠的，在多数时候，后者仅存在于儿童、青少年至成年早期，而前者却横贯了人生中最精华的岁月，直到退休。本章聚焦于初入职场的阶段，由于一毕业就直接创业或接管家业的人属于少数，我们主要以工薪阶层的情况来探讨。

从校园刚踏入职场的人们，也会面临一些课题，通常是延续并激发原有的完美主义特质，但有些则是新的问题，分述如下。

竞争规则的模糊化

职场对于组织成员存在着一种强烈的"功能性"社会期待，这是过去在学生生涯中不曾有过的体会。简单讲，一个人想要在职场里长期存在，就必须是"有用的"，否则，他就无法站稳脚步。

理论上，这个功能性应该是针对企业的成立宗旨所设计的，因而成为择才、考核、奖惩与升职的基准，然而实际上，没有任何一种管理制度是完美的，代理人问题（Principle agent problem）难以解决，层层管理者都会在"有用"的标准上增添一些私利考量，再加上团体动力的运作，所谓"有用性"的定义就会变得难以捉摸。

出了社会，不只要会做事，还要会做人。毕竟，"人"才是度量万物的标准，你自己满足没用，得到客户的称赞也不够，多数情况下，还得要你的主管跟同事也满意才行。

单纯的考核标准因此复杂化，自我评价原本就不高的完美主义者会更加焦虑，总想捕捉一些规则来让自己放心。然而，什么才是"好"？什么才算"对"？工作绩效是最表象的游戏规则，但随着社会历练的增加，各种违反规则的事件越来越多，例如：有才干的同事遭到忌妒而被排挤辞职、谄媚奉承的主管一路官运亨通、谨慎行事的友人遭下属连累而官司缠身等，职场的道路越来越难行，再努力也未必能担保得了什么。

而模糊的竞争规则所带来的，就是更高的焦虑反应，与相对应更严重的完美主义行为，包括过度要求、讨好、拖延、批评、转换跑道，等等。

生活视野的扩大

步入职场后，生命进入另一个阶段，需要考虑的事情更多，像是待遇如何、升职渠道、生涯发展、出国进修等，很自然地成为我们需要盘算的课题；不用多久，买车、买房、结婚、生子等也会陆续到来，即便自己什么都不考虑，同事、朋友的消息也会不断提醒你，现阶段的人生已经大不相同了。

由于消费能力逐步扩张，人们很容易成为商业行为的推销对象。在活跃的社交活动下，由于所接触的社会阶层形形色色，可供"比较"的事物也快速增加，人们的"自我期待"有了更宽阔的上升空间。虽然自我期待未必就会因此提高，但可供想象的空间确实增加了，面对各方面无穷的可能性，在充满希望的同时，更带来了"如果希望未能达成"的焦虑。

公司文化背后的社会隐喻

除上述之外，社会上绝大多数的讯息并非透过口语传达，而是一种约定俗成的隐喻，透过一连串的默契而完成交流。其中，有大量的符号会被使用，可能是一个眼神、一个动作、一个姿势，甚至只是站在什么位置上，你的心意就已经被传达了出去，而能被别人正确解读。

举个例子，当你站在公交车等候区，目视着想要搭乘的公交车，司机就会开到你面前，停下来打开车门，你走上车，刷了卡，司机关上门，随即开动。到了目的地，你无须按铃，只要走向门边，司机就会在站点靠边，让你下车。

整个过程如同在演哑剧一般，每天在这个快速运行的大都市上演，大家透过各种隐喻就能知道彼此的意思，包含自己该做什么、不该做什么，几乎不需要主动开口——但，这是先天就会的吗？当然不是！这是透过社会观察的结果，先看看别人怎么做，自己试过几遍，发现能顺利进行，即使起先有些生疏，熟悉之后也就渐渐习惯了。

而另一个大量使用隐喻的地方，就是职场。例如：寄给经理的信，一定要将副本发送给项目组的人；提交给主任的文件，在下午三点之前必须放在他的办公桌上；在座位上聊天时，尽可能不要聊到老板刚从温哥华回来的大儿子……

这类说法，不管在哪个组织内都有。然而，这还不是隐喻，只是潜规则而已。所谓潜规则，是大家都知道自己要做些什么、不该做些什么的非正式规则；而隐喻涵盖的范围更广、更难以捉摸——因为连使用者也未必清楚知道自己在做什么。你可以把"隐喻"视为"公司文化"的组成元素，**组织文化就是由一连串隐喻撰写而成的**，它规范了事情应该怎么做、什么行为是被肯定的、什么是禁忌等，需要公司同人共同遵守。新手尽管不清楚，但抵触组织文化的隐喻就容易倒大霉。

由于隐喻无法透过书面传授，只能由当事人自己观察，充其量在事件爆发时，通过资深同事或前辈的面授才有机会明白。这种看不见、摸不着、只能心领神会的隐喻文化，对于孜孜矻矻、想做好分内事的完美主义者来说，是一个很严峻的考验。

黑羊效应对社会新人带来的伤害

最后，我们来谈谈黑羊效应。它指的是：当一个团体的流动率过大，组成分子都是新人时，这些新人因为存在着被排挤的恐惧，因此，亟须一种被团体认可的方式；倘若这时候团体中出现了冲突，弱势的一方很容易被当成黑羊，其他人则共同参与欺负这只黑羊，进而在过程中，加害者便能间接获得"我们是同一国"的同舟共济感。

举例来说，新进同人小萱，无意间弄倒了组长莉萍的水杯后，赶忙连声道歉，本来这只是小事，以莉萍的个性，根本不会计较，但是莉萍刚刚因为厂商订单的错误，心情受到影响，当下就骂了小萱一顿。隔天，莉萍见到小萱时虽然有些尴尬，但怕面子挂不住，依然板着一张脸。而小萱只好继续不停地道歉，态度越来越卑微。

本来事情到这里就该结束，然而，其他新进同事为了讨好组长，开始背地里散播小萱的坏话，说她做事粗心大意。慢慢地，加入说闲话的人变多了，一些事不干己的同事担心立场被误会，也开始附和几句，于是声讨小萱的人就越聚越多。

透过黑羊效应，霸凌就此开始了。小萱不知道自己做错了什么，但家中长辈都"斩钉截铁"地说她一定犯了错，必须好好反省与道歉。偏偏小萱越是低声下气，越是造成加害者良心不安，只好找更多"小萱其实没那么无辜"的证据来显示自己并不是坏人，于是排挤状况越演越烈。

黑羊效应是一种无理由、无目的，甚至无恶意（刚开始）的加害行为。缘起于团体的集体不安全感，人们急于找寻认同的工具，却意外地发现，一同恶意中伤某个被害者（黑羊）是最有效的交心方式，就好像古代贵族通过打猎来结盟一样，只是猎物换成了人类。受害者会感到特别痛苦，是因为完全不知道自己究竟做错了什么——事实上，"被攻击"与"表现得如何"一点关系也没有。

完美主义者成为黑羊的情况并不少见。原因是，当不合理的攻击（如恶意挑剔）发生时，**完美主义者会尽可能讨好别人，把事情做到最好，当作什么事也没发生**。然而，这些行为会被众人解读为挑衅（想象一只被砍了很多刀却还不死的羊，只会激发众人更深的罪恶感与厌恶感），结果就会招致更多的攻击。

一旦成为黑羊，通常会对当事人的内心造成重大的创伤，对自我产生怀疑，降低自我评价。为了对抗自卑感，受害者内心会拼命想证明"我是有用的"，没有他人所说的那么坏，更不是亲朋好友所说的"一定是自己有错在先"。这种心态往往会导致完美主义者过度牺牲以追求卓越，从而使得自我期待大幅提升，造成低落的自我评价与高涨的自我期待之间的巨大差距，让完美主义的行为变得更加难以控制。

从他人或自己的生命经历中寻找答案

基本上，倘若发生黑羊效应，千万不要小看它，这是心理问题的一大创伤事件，你可能会需要求助专业人士，把当时的伤口给处理干净，包扎好，待愈合出新生的组织才会恢复健康。就好比肚子被捅了一刀，或许没伤及要害，但也不能说："我不会痛，伤口会慢慢愈合。"然后就继续生活下去。只要刀没拔出来，就可能在未来的某一天，因为其他事件而导致伤口再次流血。

社会隐喻的部分，则能够通过"学习"来克服。知识的样态通常有两种，包含如下（缺一不可）：

- 听来的知识：借由询问别人、听取权威者的说法，建立知识系统。
- 看来的知识：透过观察，控制变因，找寻答案，把答案与问题之间的关联性连接起来。

倘若你是在教育体制下长大的"乖乖牌"，老师说什么，你就做什么；到了职场，你可能会相对缺乏"看来的知识"，因为社会隐喻虽然被大家遵守，大家却未必明白它的存在，更不知道如何教你，你必须主动发问，从现实中发现端倪，自行寻找答案。如果不知道如何开始，不妨从坊间书籍、课程，甚至从网络、影片上去观察别人的经验。但记得要保持一颗存疑的心，通过不断的尝试与求证，得到属于自己的结论。

相反地，如果你生来就不爱麻烦别人，喜欢自己寻找答案，在面对社会隐喻时，你需要增加与人的互动，增添"听来的知识"，因为社会课题常需要换位思考，别人的答案未必更高明，却能带来更多启发，例如："怎么会有人联想到这种事情上面？"但事实上就是会，你若不打开耳朵去倾听，永远都不会知道别人在想些什么。

至于生活视野的扩大，导致产生欲望增加、资源有限的感觉，解决之道却相当有意思——那就是继续拓展自己的生活视野，不要停下脚步。恐惧的极限还是恐惧，欲望的极限仍是欲望，与其自我设限，剥夺感官刺激，让恐惧与欲望透过想象无限膨胀，还不如让更多人、事、物进入心中，体会到一切的有限——宇宙之大，能人之多，人外有人，你无须驾驭世界，世界也不会讨厌你，放下"想控制谁""想赢过谁"的比较心理，你就能好好地与这个社会和平共存。

在打开心扉之初，我们的焦虑感可能会暂时增加，此时，请记得坚持下去，放低身段，不要随意批评，向万物领会生存之道，最终你会理解到：**自己根本就不需要是什么重要人物，也不会因此而被人嫌弃**，就算不是百年难得一见的奇才，当个

"普通的天才"也很好。翻过了山，眼界就会变得开阔，在面对多元社会的飞速进步之下而无所不在的焦虑，"见多识广"可能是重建自信的更好方法。

最后，是面对模糊的竞争规则，你可以把它视为人生主动进行"风险管理"的开始。成功的条件，不再像学生时代那样简单，各种复杂的社会动力、团体动力，甚至政治权力冲突都会牵涉其中。请务必把握好一件事，那就是"道德"。道德并非一种先天性、规范性的教条，而是一种降低风险的有效工具。任何游走在灰色地带的行为，固然能换来显著不相称的高报酬，却伴随着极高的风险。

你必须为自己设好人生风险值，若设定太低，可能庸庸碌碌、过着消极的生活；设定太高，你的人生将如同走钢索般，即便有机会成功，隐含的巨大风险也会让期望值变为负数，只要你活得够久，成就的崩塌之日就越难避免。

每个人所追求的成就并不相同，辨识眼前的选择，也就是认清自己的风险承受能力，至于超出负荷的部分，就通过最有效率的风险规避工具——"道德"来帮你判断吧。

在看过你脆弱的人面前——伴侣关系与婚姻

伴侣关系建立在两人以长期相处的共识为基础上,且有共同生活的意愿,不以婚姻关系的存续为主要条件。但受限于资料与实务经验,以下提供的建议主要以传统的异性婚姻为例,在类推到更广泛的伴侣关系时,不一定能完全适用。

两人关系不能建立在"付出–收获"的模式上

在伴侣关系中,常见的一个情况是:人们无法从过去的"付出–收获"模式中转换过来,总把伴侣关系视为另一种工作来经营。好似我付出越多,我才有可能(或"理当")收获越多;反过来看,对方也会同等要求相对应的报酬,**我必须付出够多的"回报",否则对方终将放弃我。**

在这样的思维主导下,男性很容易掉进一个陷阱:我必须辛苦工作,一肩扛起经济的重担,让家人过上美好的生活,每年至少旅行一次,这样我才是一个好男人。

这种想法深受父权主义影响,表层逻辑是:女性的主要责任是带小孩、把家庭照顾好;更深层的内心恐惧却是:丈夫不断高估所谓的"男性价值",好似只有做一个强大、每件事都能搞定的人才有价值,而承认自身能力不足、愿意学习、善于沟通、尊重彼此都是软弱的象征,并不会因此得到社会的肯定。

姑且不论这种想法是否忽略女性的自主意识,现实的问题是——从来就没有人可以如传奇故事中的王子,光靠天赋与努力就能打造一座坚不可摧的城堡,抵挡所有凶险,让心爱的公主无忧无虑地住在里面。

当男人越是努力,生存压力就越会让他的内心感到不平衡,他望向另一半的眼神里,不再有满足感,取而代之的是更多的期待。丈夫觉得自己如此辛苦在外头打拼,不管是加班、跑业务、搞定客户,或是与合伙人奋战、周旋于难缠的股东之间——回到家中,便会期待自己被服侍得妥妥贴贴,什么责任都不必负担:不仅家事不用做,小孩不用管;情绪更可以恣意放纵,一有不耐烦就发飙;只要是真心话,再伤人也可以讲。

然而,看到太太周末出门和朋友们到处喝下午茶,过得幸福又充实,或是购买了自己用不到的昂贵保养品,丈夫就不由得一肚子火,却也不好发泄,于是心中的委屈便转为冠冕堂皇的要求,像是:"把家照顾好!不要一天到晚想往外跑!"于是，王子梦想中的城堡变成监狱，公主只好入监服刑了。

就算真有万中选一、心胸宽大的男人，家底雄厚，事业又不用操心，那么，替他打抱不平的人就会接二连三冒出来，若非男人的母亲（婆婆），就是其他亲戚，这些人会围绕在男人身旁，不断扰乱他的心智，教唆他"多为自己着想"。

即便现实生活并没有那么美好，深受传统影响的男性依然为了城堡的梦想，承受着无与伦比的压力，夸张地拉高自我期待而不自知，这反而会造成完美主义行为爆发，让整个婚姻一起陪葬。

曾经有对一同来咨询的年轻夫妻，太太抱怨先生天天加班，回到家里就是睡觉，假日也要到公司加班，根本没有两人相处的时间。而先生则是感叹，为了让两个人有美好的未来，他拼命攒钱买房，太太却完全不能体谅。

有意思的是，当我问先生："其他同事都像你这样加班吗？"得到的答案却是否定的，这引起了太太的兴趣，终于在追问下，先生才坦白，其实他在公司很容易感到焦虑，不断反复做着重复的动作，希望把每件事情都做到最好，主管却认为他浪费太多时间，很没效率，于是在心急之下，就索性不打卡，偷偷加班，只为了把事情做得更好，让主管刮目相看。

"所以，你为了给太太一个美好的未来，却吵到连婚姻也快没了？"我说。先生点点头，神情有些激动："但是，我跟他们不一样！我是真心为家里好！我已经累到像条狗了，到底还要我怎么样？"

这是一个很经典的案例。男性把"付出-收获"的投资模式用在伴侣关系上，却不知道另一半更在意的，不是像个公主般被照顾，而是两个人携手共同为这个家努力奋斗的过程。不知不觉间，案例中的男性深陷完美主义的焦虑之中而无法自拔。

反过来，在女性身上，类似的心理同样存在。当女性在原生家庭中没有机会得到"被爱、被宠或被珍视"的经验时，她们在伴侣关系中很难体会到另一个值得的人（她挑选的，当然有价值）为什么愿意不求回报地为了她付出这些爱与关怀。实际上，当她得到了越多的关注与爱，只会越感到不安，觉得应该加倍回报，否则，她会担心对方生气，下次就不愿意继续对她好了。

事实上，被爱且不需要报答对方，也就是"从容接受被爱"，是一种难能可贵的能力。**相信"自己值得被爱"，是需要后天学习的**。在被爱的过程中，需要等待别人来爱你，而不能选择何时、何地、何种方式，更不能确定对方一定会采取行动，也就是说，主导权并不在自己手上。因此，很多人宁可选择先主动去爱对方或甩掉另一半，而不愿让一颗心悬在那里。

然而，在伴侣关系中，如果你无法"被爱"的话，就只能持续停留在"爱人"的状态——这固然会给你安全感与主导权，却无法让人好好放松与休息，而且在不断付出的过程中，你很容易矮化自己的地位——因为对方会越来越习惯你的付出，并将它视为理所当然。

对于家庭主妇而言，光是如何争取到自己被平等对待的地位，不被别人说闲话，就足以让自己受困于完美主义的陷阱中了；而对工作女性来说，在家庭与工作两头烧时，要如何善用有限的时间做好职务上的本分，又能兼顾家庭，焦虑的风险则会更高。因此，学习如何安心地享受被爱，一直是关系治疗中的重要课题。

试着回想，两人当初决定在一起时，就必须深刻地了解到，伴侣之间绝非要比较谁厉害、谁付出更多、谁需要照顾谁。相反地，伴侣关系近似战友或伙伴，是为了两人的共同目标而决定一起生活——除此之外，不管是照顾模式、讨好模式、投资模式，甚或是下一段要提的竞争模式，都只是锦上添花，别因为受到社会氛围的影响，而忘了共同生活的根本。

两人并非竞争关系

两人关系可以是因为仰慕、依赖、照顾、共同学习、互相砥砺而开始的，当相处日久，最初动机必然逐渐弱化，如果不能发展出新的互动模式，就更有可能因为彼此熟识而导致分离。

在关系中的人要理解到，不管你在外面受到多少人尊敬、佩服、追求，甚至崇拜，回到家，与你朝夕相处的人不太可能以相同的方式看待你，你必然会有表露出人性脆弱面的时候，此刻，你的风华褪尽，最原始的样貌自然呈现，你将是不讨喜甚至丑陋的。

而伴侣关系的价值便在于，即便知道彼此的原来面貌，依然能够接纳对方，也知道自己是能够被接纳的，这样建立起来的信任感与安全感，有助于双方在关系中卸下自身的铠甲，而得到暂时的休息。等双方回到各自的战场，再行武装，戴好面具，去当那个社会所期待的自己。

如何做到这点，是伴侣关系的最高挑战，已经远远超出本书所探讨的范围，我们只能指出，当人们做不到这点，却又因为相处已久，不知不觉卸下铠甲时，就很容易因为缺乏安全感，而以攻击、挑剔来作为自我防御的手段。当双方都这么做时，就会导致各自受到伤害，直到包容与爱情磨损殆尽。有的会演变为"热战"，最终危及伴侣关系，多数则会演变成"冷战"，各自追求发展，作为竞争手段。

热战，会导致双方正视问题，但冷战却很容易被视为常态，认为老夫老妻本来就是如此。就像一位企业家被问到创业成功的秘诀时，他表示："因为娶了个太会花钱的老婆，所以只好事业有成了。"虽然这只是个玩笑话，但其实也可能反映了一个潜在问题——先生忙于工作，而太太忙于社交，两人各自从不同领域取得成就感与自信，却缺乏私人领域的交集。双方都期待自己的价值与"战利品"被看见，但因为从对方身上找不到，只好继续在自身的领域孤单前行。

在上述的例子中，最大的幸运是先生事业成功了，万一，如果不成功或者没那么成功呢？那就会是我们经常看到的现实状况：一个充满压力的家庭，以及努力、好强、竞争，并在成功与失败之间载浮载沉、无法休息的两个人。

信息透明与充分沟通的重要性

信息透明或许会少一分惊喜。然而，热恋期终究会退去，真正要好好经营的是一种有温度的伴侣关系（而非冰冷的室友关系）。如果要让关系能够维持到天长地久，那么，两个人的默契养成就显得十分重要。

倘若一方的言语、行为举止甚至行踪，是另一方所不熟悉的，那么，这段关系就会存在着张力，因为**信息不足本身就是压力源**。我们不能谴责一个因什么信息都得不到而显得神经兮兮的伴侣，因为缺乏信息会引发强烈的焦虑，这本来就是人性，而非不够信任对方。

然而，完美主义者的拖延性格与逃避特质很容易造成误解。并非自己做了什么亏心事，或是刻意要隐瞒什么，事实上，根本什么事也没有发生，就只是因为完美主义者的内心深处觉得自己做得不够好，或者希望能做得更好，因此在面对另一半的询问时，给出了一个模棱两可的答案，甚至避而不答。倘若不加以注意，光是拖延与逃避，就足以成为伴侣关系的杀手。

事实上，跟所有关系一样，伴侣之间并不需要完美主义的束缚。当你把事情准备到至善至美，才愿意让另一半知道——这样的信息封锁绝对只会坏事。放下你对"自我评价"的要求，好好地想一想，倘若你连真实的那一面都不愿意让另一半看见，那你又要如何跟对方走下去呢？

比起完美无缺的表现，那个时而坚强、时而软弱，却值得被爱的两人，才是维持关系的重要角色。请记得允许自己和对方犯错，别过度苛责彼此，生活即使不完美也能丰富而完整。

孩子得不到满分的难题——亲子教育

父母中只要有一方是完美主义者,在照顾孩子上就要特别注意,千万不要把自己的行为模式套用到下一代身上,否则,完美主义是有代际传递[1]倾向的。父母之间必须共同努力,协调好管教方式,尽量让小孩能够以自己的特质成长,避免受到父母的完美主义的伤害。

注意自我界限

在教养的过程中,完美主义者容易因为用心过度,而忽略了父母和孩子两者是独立的个体。过度干预小孩的成长,一则剥夺了他们学习独立的机会,让社会化的历程受到干扰,二则让孩子承受来自父母过高的期待,反而容易累积压力,让他们形成讨好他人、习得性无助或情绪管控的障碍。

在儿童阶段,孩子可能还不懂得反抗,所以内化父母特质的风险会更高。小孩会透过观摩,毫无保留地认为父母的行为

---

[1] 意思是家族中的价值观、信仰、文化、生活态度、习性等会在家族之间代代流传。

模式都是正确的、好的、值得学习的，并将之吸收成为自己特质的一部分，包括各种完美主义行为，诸如缺乏弹性、求好心切、逃避、善于批评，等等。因此，千万不要以为孩子年纪小，还不懂事，就没关系。其实，幼儿园到小学时期，正是孩子大量模仿父母行为的阶段。

当孩子进入青春期，懂得自我觉察之后，容易与父母产生冲突，在同龄人团体中也会因为缺乏经验而感到挫败与退缩。由于无法找到自己的定位，孩子会以成就动机作为成就感的单一来源。此时，自我期待会快速上升，在缺乏自我价值的肯定下，自我评价与自我期待的差距便会越拉越大，进一步导致先前学习到的完美主义特质具体呈现出来，而完成了完美主义的代际传递。

如果你自知有完美主义的问题，不管小孩有多小，都请谨记"自我界限"的重要性。这意味着你所有的努力，都只能到你自己身上为止；而小孩的所有作为和成就，都跟你没有关系，那是他的生命与人生，他要怎么定义成就，是他独有的特权。**当孩子出生的那一刻，你就得接受他不再是你的一部分**——纵然他身上有你的基因，能看到相似的个性，受到你的抚育；然而，你们拥有不同的父母，你得到的照顾跟他得到的并不一样，他面对的世界环境也与你曾经面对的不完全相同，他需要的生存技能跟你赖以为生的能力也必然有所出入。

尽管你满腔热血、万分着急、不愿意他在未来重蹈你的覆辙——也请记得尊重他的生命。他不是你，他有他的能力，有他的人脉，有他的运气，更重要的是，你们的家庭愿意给予的资源并不一样，而他将来要面对的世界也跟你所认识的截然不同。宇宙间没有永恒不变的道理，孩子也不需要父母——耳提面命，即使遭受到了挫折，那也是他们宝贵又无可替代的经历。

找回自己的战场

有些人会把注意力全部转移到下一代，其中可能的原因是：到了某个年龄，自己的事业进入了停滞期，难以有大幅度的发展，却也不至于岌岌可危。年轻时的冲劲忽然不知道该往何处使，因为踩不住刹车，于是一股脑传承到了下一代的身上。

另一种情况则是那些为了家庭而放弃工作的人，当小孩逐渐长大，想回到职场，却发现自己已经没有办法再赶上当年最精英的那一群，如果没有调整好心态，可能又会再次退回到家庭里，把自己的遗憾寄托给下一代，让孩子承受难以负荷的压力。

人生中，无可避免的是牺牲、委屈与包容，但是不要忘记：当自己为了现实而体现这些伟大的情操时，内心容易留下不平衡的感受，累积久了，爆发出来的力量会相当伤人。因此，你要把握好每一个时机，当机会来临，例如：小孩上了小学，时间突然空了出来，此刻，就不要继续躲在家里，或是停留在"待机"状态，尽快回到你原本的舞台，想想过往在学校、职场挥洒自如的模样，找到你擅长的领域，把你不得不做出的牺牲减到最低。

当你开始为自己而活，以自身为荣，并乐于展现自己，不管你是活得越有成就、越快乐、越多姿多彩，或只是有不同的人、事、物进入你的世界——**你都不再把全部的注意力寄托在单一对象上**，只期待着孩子的表现，或等候别的生命来满足自己的存在。

保持一致且有安全感的教养环境

安全感对于孩子的重要性，远远大于任何正确抉择或出色表现，因为安全感决定了他在将来未知的环境中，选择承受压力与接受挑战的意愿。

在充满安全感的环境中长大的小孩，基于过去的经验，他们于一生的学习与工作场域里，倾向于相信自己会被支持与包容，自己的尝试与努力也会有所回报，因此愿意积极进取，忍受挫折，以换取最后的成功。相对地，当父母求好心切，要求过高，动辄发脾气、疾言厉色地指责甚至体罚，孩子就会生存在恐惧之中，若非变得自我要求过高，面对挫折能力低下，情绪管控出现障碍；就是退缩不前，少做少错，选择躺平。

安全感有赖于父母的有效沟通与态度一致，然而，若双亲中有一人或两人是完美主义者，就会造成一个常见的问题：有人严格，另一半宽松，或是转而要求其他方面；有人循规蹈矩，另一半却带头唱反调。这容易引发夫妻之间的冲突，尔后，**小孩便会把冲突归责到自己身上**，认为是他做不好，才引起父母吵架，导致完美主义的代际传递。

父母在孩子面前必须保持一致的教养态度，就算对于彼此的行为模式并不认同。这并不意味着两个人必须演一出和乐融融的家庭伦理大戏，让大家价值观都一样；相反地，两个人应该保有各自的独特风格，更无须避讳个体差异（反正孩子也看得出来）——仅在教养上，双方采取一致的标准。比方说，也许在生活常规部分，以母亲为主；学业部分，以父亲为主；或是两人一同让步，建立新的标准。如果有差异，私底下再进行沟通。

◇

实际上有个更具体的做法——**要求比较宽松或是主动性比较高的那一方，在采取任何行动之前，都先征得另一方的同意。**若父亲要求比较少，但是母亲讲究完美，那么，父亲在跟孩子达成任何协议之前，都得经过太太的同意。如果太太不同意，就得先说服太太，直到两人的意见一致，先生才能付诸行动，例如：带孩子出去玩、豁免孩子任何义务之类。

有位先生曾经和我抱怨："我太太最爱说不，长期以来都靠我私下跟小孩打气，不然他越来越胆怯，什么都不敢尝试。现在你要我事事都先征得太太同意，我实在很为难。"

当时，我淡淡地回答："那么，让你听听看，小孩告诉我某天的场景：早上妈妈说，今天不准玩游戏，小孩点点头，一脸委屈；中午吃过饭，你偷偷跑去跟小孩说，玩一下没关系，妈妈管太严了。你费尽唇舌，小孩终于被你说动，父子俩一起上网，玩得很开心。不久，你累了，决定回房间睡午觉。此时，妈妈突然走了进来，小孩只来得及关掉程序，但计算机还开着。这下惨了，他内心陷入天人交战，要坦白说是爸爸允许的？不行！爸妈会吵架；要说是我想玩计算机的？不行！一定会被大骂一顿。最后，他只好撒谎，说是在写功课、查资料，还好妈妈接受了这个说法。"

父母意见不一又不事先沟通时，小孩夹在大人中间不仅辛苦，且因为动辄得咎而产生的不安全感与罪恶感，往往是父母难以切身体会的。

不管另一半有多难沟通，你都应该明白：如果大人之间不事先沟通好，就相当于把问题丢给小孩自己解决。这是教养上的大忌，应该尽可能调整。当然，如果另一半的态度已经糟糕到可能伤及小孩，如太过顽固、负面思考、偏执，甚至是病态性否定，那么，你可能需要征得专业意见或共同接受伴侣治疗，进一步考量这段婚姻的存续是否还有必要了。

卸下世俗成功的光环以后——退休生涯

很多人在退休的第一天，吃完早餐后，依然习惯性地坐到计算机前，发现上个月还密密麻麻的日程表，现在突然多出了不少空档；打开手机里的联络人资料，满满都是事业上的伙伴，少数是一些儿时好友，却又因为多年没有联络，不知道要跟对方说些什么。

许多人在退休之后会有这样的感觉，宛若时代巨轮继续推移向前，而自己却像个被遗落下来的零件，找不到容身之处。

退休生活的规划

对于一个完美主义者来说，退休有时是致命的。因为退休意味着过往获取存在价值的生存模式就此结束。你不能再通过工作表现换取成就感，没有奖金、升职、被挖角等激励自己的工具；另一方面，伴随工作而产生的人际互动与生活模式也不复存在。你不再需要跟讨厌的客户、上司或同事见面，不用早早起床、通勤、打卡上班，可以睡到自然醒，醒来后安心吃个早饭，出门散散步，见想见的人，做想做的事——问题是，你知道自己想见什么人？想做什么事吗？

也许你曾经有过很痴迷的爱好，身边有着与你一起乐在其中的同好，以及陪你欢笑、陪你忧伤、陪你哭的伙伴，但在漫长的辛苦工作之后，你有多久没有投入时间在你的嗜好上了？有多少年没联络这些同伴与朋友了？

即便有人考虑到此，早早退休，但是主客观环境也未必能让他如愿。一位四十岁前就达到财富自由的创业成功者，在经过一段"退休"后，决定再次投入工作。他说："我曾经许愿，要把百大重装潜水的景点都玩遍。我四十岁退休，想趁着还有体力时完成心愿。结果问了所有潜水的好友，大家都没空陪我，还带着既羡慕又忌妒的口吻对我说，我们哪有你那么好命？大家还要工作耶！但事实上，他们早都跟我一样财富自由了，但就是不愿意退休。我也无法说什么，有些时候，不是你观念想通就没事了，当整个环境都不改变，你一个人改变也没有用。"

退休带来的冲击，对于男性的影响远大于女性。 因为男性在漫长的工作期间，容易将全部生活重心放到工作上，导致大量的人际关系都转变成工作上的朋友，绝大多数活动也都跟工作有关。于是不知不觉中，每天的生活节奏与工作也自动同步，一旦离开工作岗位，就等同切断全部的人脉与社交，让他们很难想象要如何独自生活下去。

女性的适应性也优于男性许多，一来是女性会继续保有非工作上的朋友——即便是工作同事，也大多会有私交。女性的社会联结通常优于男性，社会参与也比较多，在年龄增长后，身体通常也相对更健康，参与社会活动的体能与精力比起男性要来得充足。但是女性可能会负担较多的社会责任，例如：要照顾好面子又适应不良的退休老伴，同时关心年迈的父母或公婆等。有些时候，女性还要在脾气大变的丈夫与成年的孩子之间，扮演冲突调停的角色。

也因此，男性完美主义者面对退休的风险稍高于女性，前者聚焦于成就动机、失落议题与悔恨感；后者则受角色负担过重、缺乏自我实现的困扰。无论如何，两者都会共同面临到，在短时间内，因为不再需要高度竞争与表现，感到无所适从，而非原本期待中的放下与解脱，这可能会为他们带来更大的沮丧感。

最佳的处理之道，就在于预防。不要等待退休之后，才慌慌张张开始伤脑筋要如何安排生活，同时也不要把退休生活想象得太美好、太过不切实际——**退休绝对不是解决现实任何苦闷与难处的解药**，此刻你过不去的（例如：不受重视、容易被孤立、讲话太直易伤人，等等），退休之后一样不会立刻改变。

退休应该是一段全新生活的开始，有新的学习、新的旅程需要适应，而不是放弃、责任豁免与问题的自然结束。如果能够先有这样的心理准备，就可以避免现实与预期之间落差太大。

增加社会参与

那么，新的学习又是什么呢？

不妨想象成小孩要上幼儿园一样。长久的工作，已经将人的思维与心灵禁锢在工作中，退休是一种解放，让你从工作中返回社会，再次以自由人的身份参与社会生活。

参与的方式各式各样，学习性、社会交流性、娱乐性、心灵成长类的社会活动都有。以现在逐步受重视的乐龄生活[1]而言，这类的活动与信息只会越来越多。至于获取渠道，无论是

---

[1] 对60岁以上年龄段的别称，指快乐、惬意、幸福的老年退休生活，该说法最早来源于新加坡等地。

网络、坊间书籍、杂志报道,都有很多专业人士所提供的丰富指引,于此就不再赘述。

在此,只提醒大家一件事。**完美主义者很容易将自我期待再次带进新的社会参与中,而后对于自己的社会新角色产生诸多不满**,认为自己连这么简单的事情也学不好,实在糟糕透顶。明明是没有竞争性的社会活动,却承受了相当大的压力,在要继续还是放弃的边缘挣扎。如果放弃,总觉得自己连这么简单的事情也会失败,实在不甘心;如果继续,又不明白为什么自己都退休了,还要没事找罪受。

我就见过以前在职场上相当有成就的女性,在退休后,把佛教经典共修班当成考前冲刺班。上课做笔记、带录音机,下课还要反复听诵打逐字稿,耳里听的是佛教经典,却不断担心写下的共同笔记会被同学挑错字、被师父指正,持续了两年之后,最后放弃,因此沮丧了好一阵子。

而完美主义男性则可能连开始都有困难。退休后,只享受不到半天的宁静,就感觉自己好像在虚度时光,于是,他们为了及早开始全新的生活,而写了一张计划清单,上面列满了预计要做的事情。然而,两个礼拜过去了,他们却什么也没做。因为那些竞争性质的活动大多是年轻人在参加,他们害怕被嘲笑或担心自己格格不入，犹豫了许久只好作罢；至于其他休闲一点的项目，他们又觉得不够有学习性和进步空间，最后因为迟迟未踏出任何一步，而感到更加受挫。

对于即将退休的完美主义者而言，心态调整是很重要的。年轻的时候，如果理所当然地认为：竞争性不够高的活动就是在浪费时间，这样的价值观就会在未来限制自己的发展，难以让自己拓展更多兴趣，反而无法学习到新事物。

学会向他人求助

退休生涯中，总有一些最初无法预料的事情发生。

完美主义者的弹性并不佳，在面对意外事件时，容易因为无法变通而导致焦虑陡升，适应能力骤降。轻则不知所措，重则百病丛生。

然而，人间不如意事十有八九，就算再缜密、付出了万般努力，也很难尽如人意。因此，要学会懂得求救——在问题超过自己能够负荷的程度时，向外传达寻求帮助的讯息，让别人有机会向你伸出援手。

传递求救讯号并不代表着失败，也不需要因为将事情交给别人便感到罪恶，能够让他人知道你需要帮助，其实可以有效减轻你的压力。

不妨试着在平时就多多练习向他人求助,比方说,和信任的朋友定期聚会,分享彼此的近况,让他们知道你最近在烦恼些什么;或者在社交媒体上记录自己的心情,让曾经有过类似处境的人可以主动关心你;当然,也不要害怕向比自己年轻的专业人士或后辈寻求建议而给他们带来麻烦,或者认为这代表自己能力不足,每个人都有各自擅长的领域,而来自周围的支持是非常重要的。

有效求助是一种能力,而放下身段是一种练习,让别人能通过帮助你而感觉到自己是一个好人——这并非易事。但可以通过引导语,把真诚的感谢传达出来,让对方觉得,帮忙本身就是一件愉快的事情。

一个有效"表达感谢"的引导语,其中的关键在于,真正看见对方为自己所做的一切细节,以及这些努力所展现出来的对方人格的美好。"细节"会强化可信度,而人性终究是自私的,表达自己有多感动,还不如说对方的行为有多难得。

> **如何表达你的感谢?**
>
> 举例来说,你可以这样向对方说:"我真的很感谢你,就像那天,你早上七点就得出门上班,回到家都八九点了,还要应付我慌慌张张的一堆笨问题,而且竟然还能保持和颜悦色,我都不知道你是怎么办到的。除此之外,我还注意到,这一个礼拜来,你连皱个眉也没有。我除了感谢,也由衷佩服你。"

参加公益活动

参加公益项目,或许是帮助完美主义者自我解放的一个方式。毕竟,人为自己忙碌了一辈子,到退休时刻,开始反馈社会,也可以享受为他人做贡献所带来的平静。

虽然真正的利他是以他人利益为出发点的,考量的是他人,而非对自己的效用;然而,如果不去做这种形而上的争论,只是针对实际应用来看的话,对于完美主义者而言,最根本的破解之道其实在于利他。

无论是自我期待过高还是自我评价过低，完美主义的自我调适与行为决策，都建立在一个庞大的自我之上。

通过具体的行动，确实可以引导一个人从样样关心自己的表现是好是坏、会不会被看轻，而逐步转为关心别人过得好不好。

只要有办法从自我中走出来，完美主义者的困境就会大幅减轻。事实上，完美主义者所关切的，大多围绕在自己身上。年轻时，或许为了生存需要竞争，很难做到放下，但是随着年龄增长，野心与冲劲逐渐消退，这或许就是你学着放下、提升视野与格局的开始。

第五章
协助亲友走过完美主义

每个人的生命经验、拥有的资源都各自不同，我们无从决定对方会不会因而陷入低潮，别急着从自己的角度，来否定眼前的人所遭遇的困境。

第五章 协助亲友走过完美主义

完美主义的行为可轻可重。"我有完美主义。"这句话想传递的信息也十分复杂——可能是一种生活态度、一种困扰、一种身心状态，甚至也可以是一种炫耀行为（表示他做事认真）。

因此，面对亲友自述"我有完美主义"时，要先辨识出他到底想说些什么。不要马上一头热地想"帮助"对方，万一误解了他的意思，你的"善意"可能会让对方很难拒绝，而你也相当于暗示对方有什么毛病，才会向你求救。如果"完美主义"这个词对于当事人而言，完全没有负面的意思，甚至对方还以自己的完美主义为荣，那你的"善意"不但不小心得罪了对方，还会让自己下不了台。

因此，协助亲友走过完美主义的前提，你需要先确认下列两点：

- 对方在讲的"完美主义"跟你所想的是同一件事。
- 对方确实已经受到自身完美主义的困扰。

要做到第一点并不难,诀窍就是倾听。好好地、完整地倾听对方使用"完美主义"这个词语的时机。如果对方只是半开玩笑地带过,不当一回事,那大概不需要你给予什么建议;若对方反复提及,而且为此感到痛苦、无奈,或出现各种较为明显的情绪,那才有值得讨论下去的意义。

接下来我们会从日常对话中,建立沟通的通则,主要是应对焦虑与抑郁两种情绪,先列举建议避免说出口的话,而后提出适当的可行做法。在达成情绪上的共情后,便能与对方共同面对完美主义,并讨论对策。

八句千万不能讲的话

完美主义的外在表现，通常可以被归类为焦虑与抑郁两种情绪状态，因此，要帮助对方的第一步，就是适当地应对其中的"焦虑"与"抑郁"，才有可能进一步同理，进而帮助他们。简单来说，你必须先接住他们的情绪才行。

不要用"别紧张"或"放轻松"安慰他们

焦虑的本质，是一种人们想控制自己，却又"难以控制"的感觉。倘若你要亲友"放轻松"，等于要求对方做一件他做不到的事。对方会因此更强烈感觉到自己濒临失控，心里想着："糟糕，他叫我放松，但我怎么越来越紧张，怎么办？"如此一来，焦虑感不但无法平息，甚至会越来越严重。

无法具体执行的事情不要说出口

"你就是容易想太多，放开心胸，烦恼这些也没用呀！""开心点，何必为了这种事板着一张脸？""事情就让它过去，不要去想就好了。"

这类的话语可能是我们时常拿来安慰别人的话，然而，换个角度想想，从婴儿时期开始，我们学过怎么抬腿走路、怎么蹲下、怎么举手拿苹果、怎么骑脚踏车，就是没有学过怎么"开心点"，没上过任何一堂"不要去想就好了"的课。

你可能以为用轻松的语气讲这些话，对方就会跟自己一起变得轻松；事实上，你等于在命令对方指挥一条根本不存在的"神经回路"。

对方知道你很努力想帮忙，也不忍心看你失望，在自己心情糟透之余，还要强撑着笑脸，却始终没办法做到你所期望的"开心点"。这不但让他内心自责不已，甚至加倍怀疑自己是不是很没用，从而更对眼前的一切事物充满了无力感。

不要用自己的经验去否定亲友的遭遇

"你遇到这些算什么？我当年更大的打击都熬过来了……"人们有时候会试图以自己遭遇过更大的困难来为对方打气，但是如果仔细观察，通常讲到最后，都是说话者在回顾自己的丰功伟业，把对方的感受晾在一边。倘若说话者是长辈，那听话的一方还得边听边附和：感谢您提供的宝贵建议。

当你讲出"你遇到这些算什么？""我当时也碰过……"

之前，请先提醒自己，**痛苦是不能比较的**。每个人的生命经验、所面临的困境、拥有的资源都各自不同，共同的经验固然可以作为借鉴，但我们无从决定对方会不会因而陷入低潮，所以别急着从自己的角度，来否定眼前的人所遭遇的困境。

"正能量"的言行要尽量避免

当对方心情不好时，面对旁人乐观积极的言语或行为，不但不会受到正面能量的影响，相反地，还会导致他们自惭形秽，感到与别人格格不入，而变得更加沮丧。

"大家都这么努力希望我快乐，但我就是快乐不起来。""你们才是一家人，我不是。如果没有我，这个家该多么幸福啊，我应该永远消失的。"经常在社群上流传的正能量名言、过于励志的话语，都可能会让深陷痛苦的人更加自责。

不要故作轻松或刻意轻描淡写

"就这么简单的事，你也可以烦恼成这样！"这样的话不但没有共情对方的感受，还可能让他们听了以后，心想："糟糕，连这么简单的事我都没办法放轻松，我真是个没用的人。"

当语句中存在着刻意轻描淡写或经过美化的词汇时，很容易被对方反过来延伸，认定自己"连这也做不到"，反而会产生与你的原意相去甚远的结果。

不要拿"事实"来安慰对方

"都已经考不好了，再想也没有用。"这样的句子虽然陈述的是事实，但是对方其实也知道，正因为再想也没有用，所以他才会这么难受。可能有人会认为，这样能帮助对方面对现实，然而，倘若一个人的脚摔断了，其他人把他的拐杖拿走，让他多跌倒几次，一再认知到"断腿"这个现实，并不会让他恢复得更快。

对方需要的不是你的提点，而是你的支持。你想点醒对方的"事实"，他全都知道，但理性知道并不代表感性上就能过得去，对方需要的是能够帮助他度过低潮情绪的话语。

别说"你身在福中不知福"之类的话

不管是因为报告出错而遭到主管指责、考试粗心写错了一题、不小心说错话而伤到了另一半，都有可能让完美主义者懊恼不已。

幸福是无法比较的，事实上，是福是祸、是开心还是难过，只有当事人自己知道，旁人根本不得而知。"身在福中不知福。""你要感谢那些伤害你的人。"这种话语不是理性的分析，而是投射说话者内心的不耐烦、缺乏同理心与谴责，而且还进行了道德绑架，把对方逼入死胡同里。

将"应该"转化为"可以"

"我们都这么关心你，你应该感到高兴。"当"应该"这种义务语句出现时，说话者等同于剥夺了另一方的部分权利，仿佛他没照你的意思做，就是不应该的、不正确的（相当于在指责对方）。试着把所有的义务语句改为权利语句，以"可以"来取代"应该"。举例如下：

"你应该想点好事。"→"你可以难过，但我们依然关心你。"

"不要再想了。"→"跟着我到外面走一圈吧！"

除了尽可能使用权利语句的肯定句型之外，记得心情低落的人通常缺乏执行力量,没有能力做到"不要想",然而,改以温和的祈使句时,邀对方跟你去户外走走的成功概率会相对提高。

成为完美主义者的后盾

上述几点，是要尽量避免的言行，属于消极性避免诱发焦虑或抑郁的部分；然而，身为完美主义者身边的亲友，你可以更积极地说些什么或做出某些行动，来为对方直接提供协助。方法从最简单的聆听、稍有技术性的外化法，到常见的放松技巧、转移注意力等，以下将会进一步说明。只要自行练习，谨慎使用，小心观察反馈，再反复修正，即便不是专业人员，也能在情绪上发挥惊人的支持力量。

尽量专注聆听对方的症状细节，但无须做评价

"专注聆听"这个动作会强烈传达出"你在乎对方"的信息，让你能够走进他的内心世界，表示你不但在乎对方，也关心他所在乎的每一件事情。这会让对方感觉到你是跟他站在一起的。当有人愿意为他拨开云雾，陪着他一起看世界，他的眼前也许就能透进一丝阳光。

而你的"不做评价"，更是一种尊重对方想法的表现。即使你的内心并不完全认同对方，但是至少做到"不要在当下反对"。陷入绝望的人所看到的世界可能会有所偏颇，你可以试着暂时不做批评（但也无须附和），让他自己慢慢走出来。不做评价不代表认同，更不是鼓励，而是包容对方的感受，既没有否定也没有反对。

可以小心指出对方的紧张，但不要让人有不耐烦的感觉

完美主义者往往想隐藏自己的焦虑，但这举动反而会让他们更紧张。因此，用一种温和的方式提醒他们是不是很紧张，是很重要的，像是："你身体看起来很紧绷，没关系，你活动一下肩膀，慢慢说就好。"这样的表达可以让对方不必再武装自己，并且适度缓和情绪。但请小心语气，绝对不能流露出任何一丝厌烦，诸如："紧张什么！有什么好紧张的？"因为内心焦虑的人，会很敏感地捕捉到旁人的不耐烦情绪，你的无心之过很容易让他们受伤。

用第三人称跟对方谈论他的症状

这是心理咨询中"外化技术"的延伸运用。比方说，"你要怎么降低焦虑？"暗示着"焦虑"的人是你，你在无事生事；但若转化为"当焦虑来临时，你打算如何面对？"则象征"焦虑"是外力干扰,而你只是受害者(连"完美主义"这几个字都没提到)。因此,尽量使用第三人称来跟亲友讨论症状,会大幅降低造成伤害的概率。与其说:"你什么时候开始有这些困扰的?"不如改成:"这些困扰是什么时候来到你生活当中的?"

转移注意力有助于放松

与焦虑者谈论他的焦虑通常只会引起更多焦虑,更好的方式是转移话题,带到与焦虑相关但不同的议题,例如:"你说睡不着的时候只好看影片打发时间,那么,这几个月下来,你看了哪些电影?"议题与症状主题太远,对方会不感兴趣;而与症状太相关,对方则会更焦虑。

请留意,别触碰那些会引发对方焦虑的来源(特别是完美主义者),像是个人成就表现、生涯规划等。记得主题越具体越好。

善用发问,和对方聊起他满意的事

利用回溯法,促使对方想起生命中闪亮的经验,若能让对方愉快地讲起自己做过的满意的事,特别是那些靠努力而来、让他有成就感的事物，对方的情绪会明显改善，此刻，他的焦虑通常也能跟着趋缓下来（有些兴奋的反应会类似于焦虑，但不太一样）。比方说，"你记得之前上台报告那份提案的时候，底下的同事都觉得很有趣吗？""当时没有人相信赶得上发表会，记得是你一直鼓励大家，才有那么圆满的成果，不是吗？"试着和对方聊聊他之前做过的那些不错的事吧。

用"腹式呼吸"取代深呼吸

如果你被问到："那焦虑又找上门来时，该怎么办？"很多人会建议"深呼吸"，这里要小心的是，因为多数完美主义者都习惯用胸式呼吸（吸气时肋间肌上抬），这会诱发神经回路而导致焦虑更严重。不如请亲友改以腹式呼吸（吸气时横膈膜下降），将有助于减轻当下的焦虑。

如果你感到不耐烦，暂时不要说话更好

如果你当下的情绪状态不适合谈话（例如：因为其他事而愤怒至极、身心已经很疲惫、耐性耗尽了，等等），就别勉强自己说话，否则你的情绪可能会从言语中泄漏出来，不经意地伤害到对方，反而使情况更为糟糕。

你不是救世主，对方没有你也可以得救。如果你暂时没有能力帮忙，就明白告诉对方，等你有足够的能量或情绪平稳之后再来听对方倾诉，或者请对方转而向其他人求助。

善用大脑优先执行指令

除了心理上的支持以外，还可以运用大脑的高等级信号来拮抗低等级信号。事有轻重缓急，大脑会优先处理第一优先事件（痛觉），再来是第二优先事件（大肌肉运动），依此类推，最低的是理性。当优先事件出现时，次优先事件就会被排挤掉，这是生物演化的结果，想想我们人类的老祖宗遇见狮子时，纵然害怕（情绪），先拔腿狂奔再说（大肌肉运动）。这优先执行顺序的本能仍旧保存至今，可供我们运用，例如：以痛觉取代抑郁、以运动代替转个不停的思绪、用愤怒取代悲观自责的感受，等等。

这也就是为什么心理咨询师总是建议案主多运动的原因了——**大肌肉运动可以压抑低落的情绪**。同样地，只要能够让一个受欺负的人感到生气，他就很难继续抑郁下去，因为愤怒跟抑郁是彼此拮抗的。同理，吃一份辣得要命的麻辣火锅或是甜腻的巧克力，也能暂时缓和纷乱的心绪。

如果能缓解完美主义亲友的焦虑与抑郁，跟他们建立起关系，那你能帮助对方的事就多了。因为这不再是理性的说教，而是情感上的深层交流。

以大脑信号快速转换情绪

以下是信号被处理的优先顺位（越前面，大脑越优先执行）——痛觉>大肌肉运动>小肌肉运动>知觉（视觉、听觉、体感觉……）>情绪（愤怒、抑郁、焦虑……）>认知。

记得善用大脑的机制来推你一把。

跟对方的完美主义对话

透过言语尽可能达成同理，接住对方的情绪，这是第一步。不再畏惧见到你、主动向你提问、不需伪装出美好的形象，或直接表露情绪等，都是成功的征兆。一旦进展到此，就相当于打开了对话的窗口，可以继续伸出援手，并透过以下几个原则，陪伴对方从完美主义的焦虑中走出来。

不要掉进对方"我该怎么做"的陷阱中

完美主义者在信任你之后，内心的彷徨就会转移到你身上。出现频率最高的问句"我该怎么做？"便会不断出现，因为这就是完美主义者内心不断期待自己改善的原始动力。在你要做任何同理或改变以前，请先避免自己掉入这样的焦虑陷阱当中，因为你一定回答不出这个问题。事实上，如果对方知道答案，也不用来寻求你的帮助了。

当对方提出类似的问题时，你可以温和地说："我知道你很着急，但是我得先了解你发生了什么事，如果没有充分了解就乱出主意，不但没有帮助，反而会让情况更加恶化。"

你应该有察觉到，完美主义者的内心存在着一些核心的课题，让他们深感焦虑，若是迫切地想要找到"行动指南"，像是"我该怎么做才能结束我现在的困境"，就越会往死胡同里钻。

你必须让他们安心下来，了解到"即使什么也不做，天也不会塌下来""不需要这么着急""不要受到周遭的影响而随之起舞"。

尽量让对方理解完美主义的成因

如同本书先前所提过的，完美主义的成因有千百种，深刻地了解问题，对症下药，才是解决之道。有个敏感的母亲，可以向她解释原委、好好沟通；有个经常施行情绪勒索的家人，记得分清楚人我的界限；容易缺乏价值感，请尝试着寻找成功的经验；若是被社会孤立，就要给自己机会去重建人际关系。

然而，对于绝大多数的人而言，"有条件的爱""自我评价过低"或"自我期待过高"等概念相当抽象，要将之与自己的"完美主义"联结在一起是有一定难度的。常见的情况是，他们可能会期待有"心中默念什么"或是"对镜子说话"

之类的具体操作来帮助自己缓解痛苦，而不是学习更多的基本知识。因此，他们在接触这些说法之初，最直接的反应就是："现在我知道了，然后我该怎么做？"

会有这样的反应，往往代表心门还没有打开。**当人们不愿意去面对伤痛，自然不会明白"过去的伤害"与"现在的问题"之间的关联性。**虽然他们一时难以做到，却很喜欢听（也很爱讲）"人要永远往前走，不要老是往后看"这类的话，尽管知道过去的伤痛正束缚着自己，让他们没办法向前迈进，但你可以从他们想离开"过去处境"的迫切感中，看见其内心的伤痕究竟有多深刻。

正因为你已经让他们隐约知道自己的问题，对方才会感到焦虑与恐惧，所以这一切并非徒劳无功。静静等待他们情绪稳定下来，尽量跟他们对话，你们的信任感会逐步建立起来，抗拒终将消失。在这之后，你才有可能慢慢让对方知道：过去发生在他们身上的事情，可能就是现在追求完美主义的成因。

陪同对方一起度过往日的伤痛

理解之外，你还需要进一步的陪伴，才有可能帮助对方释放当时伤痛所蕴含的情绪压力。**人只有在安全感充足的时候，**

才有办法面对过往的难堪，然而，只要察觉到任何危险，他们就会再度把自己武装起来。

因此，给予对方安全感，陪他们一起面对过往伤痛是很重要的。你无须说些什么，只要静静聆听，接收对方卸下来的情绪即可。如果你不知道该怎么做、没有时间或精力，或是你没有自信扮演好这个角色，告诉你一个判断标准——只要对方见到你还愿意开口，乐于跟你宣泄，那就表示你做对了——就算你根本不知道自己能做些什么。

要知道，你的亲友完全明白你不是专业人士，他们相信的是你，而非你的谈话技巧。你可以告诉对方："我很愿意陪你走过这一段路，但我不是专业人士，假如我说错什么，答应我，一定要立刻让我知道，不要让我在乎的你再次受伤了。"

协助对方以新的框架重新整理经验

已经发生的事件固然不能再改变，但真正带来影响的，却是我们对于这些事件的理解。人类会基于需求与情绪而主动去解释所遭遇的事件，得到属于我们能接受的经验。

当一个人深陷于低自我评价与高自我期待时，我们不难想见，他会用同样的叙事框架去解释过去的记忆，而解读出来的讯息，也有可能符合他的情绪状态，例如："我什么都不懂就讲那些话，难怪会被大家讨厌。""都是因为我这么糟糕，难怪他不要我了。""我的人生到现在仍旧一事无成，一定有很多人都在看我的笑话吧。"

尽管在事发当下，他未必会这么想，但在深陷烦恼的时刻回溯过去，所有的事件都会以此时的低潮心态来诠释，结果更加印证了内心的负面想法是合理的。

我们得提醒对方昔日的成功经验，用一个中性的立场，重新解释过往的记忆，简单来说，是用一个新的框架去解读记忆中的事件。比方说："你说你总是害怕被拒绝，所以都先拒绝别人，但是依然有人乐于和你做朋友，为什么？想必你身上一定有吸引人的特质。如果别人真如你说的那样都不喜欢你，那为什么总是有那么多人愿意跟你来往？""你说过小学的时候，大家都很喜欢找你玩，你当时是怎么办到的？"

让对方了解即便他不完美，也有人喜欢他、支持他

完美主义者之所以固守完美主义，核心的恐惧在于：倘若不再完美，是否会因此失去价值？会不会被讨厌、被遗弃、被疏远或被拒绝来往？

作为他的亲友，你必须让他知道，你之所以愿意帮助他、与他亲近，绝对不是因为他认为的那些优秀之处，相反地，可能是他从来没想过、却始终存在于身上的价值。例如，因为他是你的朋友、因为他总是为人着想、因为他坦率耿直，等等，而这些理由，往往与对方以为你跟他交往的原因天差地别，也从不会被对方视为优点，像是："我的缺点就是太善良、太容易被人欺负，我恨不得自己变得自私一点，让大家都怕我，不敢欺负我。"

此时，你更应该让对方明白，你在意的并不是他以为的那些成就，而是更深远的、具有普世价值的、能经得起时间考验的事物。即便在他心中，那些根本不算什么，甚至是导致他脆弱或受伤的主因，但你依然可以从他的自我解嘲中，看见他对自己的失望与愤怒。或许，那些也是他曾有过的信念，然而，种种的不顺遂才让他放弃了这一切。

记得让他感受到你的包容。即便对方没那么完美或遭受流言蜚语的攻击，也不影响你的判断，以及你对他这个人的看法，也就是说，你依然会接纳他、喜爱他与支持他。而事实上，除了你以外，其他亲戚朋友也一样，大家并不是因为他优秀才跟他往来的,人们在意的是他本身。他是被爱、被接纳、被喜爱与被支持的。其中一个有趣的证据就是,作为想帮助他的亲友,你不也持续欣赏着现下不能证明自己的他吗?这显然不是因为他所认定的成就,而是你相信的一些更深远的价值,不是吗?

◇

以上这几个要点,都是在咨询工作中进行的。如果亲友愿意听从你的劝告,鼓起勇气,一同走进心理咨询的大门(你可能得在会谈室外面等候),那或许会是更直接的选择。然而,多数情况下,完美主义者的心比较脆弱,难以承受被另一个陌生人(特别是所谓的"专家")检视与洞悉,被拒绝是很常见的,也因此,一双由亲友伸出的援手弥足珍贵。学习并精进自己的能力,有机会还能引导亲友接受咨询,你的辛苦与努力,会让许多人活得更幸福。

后记　跟不够完美的自己站在一起

除了善加利用完美主义这个驱动力，来帮助自己不断向前，也需要降低完美主义带来的心理压力，才能继续维持生活的平衡。

完美主义只是一种现象。不同人格特质的人，在面对不同的情境考验时，会因此出现一系列彼此有关联的"完美主义行为"，诸如僵化思考、过度努力、无法放松、不断逃避问题、讨好别人、犹豫不决、急切转换跑道、批评他人做法，等等。

有些完美主义行为是大家所熟悉的，如事事要求最高标准、未达目标无法放松等，这些行为很容易被辨认为"典型的完美主义"。然而，还有一些人不断逃避问题、讨好别人、遇到难题就转弯、自己做不出来又爱大放厥词、一再拖延，他们的行为其实也是"潜在的完美主义"。

其中，完美主义者所表现出来的多样化，主要受到人格特质、资质、成就、人脉、社会适应度等影响，各自的际遇也都不一样，唯一共通点是，他们都有过高的"自我期待"，以及过低的"自我评价"，也因此，他们眼中所评价的自己，永远不符合内心的期待，只好不断努力——或者，反其道而行，把头埋在沙子里，逃避问题，当作什么也看不见。后者明明焦虑得要命，却完全没有动力做点什么。

过高的自我期待与过低的自我评价之间的落差，诱发了巨大焦虑，基于每个人应对焦虑的调适策略不同，行为表现也南辕北辙。典型的完美主义者过度重视细节，甚至容易迷失在其中，执着于自己的坚持，用尽全力，经常在不知不觉中牺牲了健康、生活品质或人际关系。

然而，有些非典型的完美主义者却大量采取逃避的方式，轻易承揽事务，不断拖延，然后毁约后又跳槽，为自己的不负责任找一堆理由。完美主义的本质是不变的，呈现在外的行为却难以一概而论。因此，紧紧抓住"过高的自我期待—过低的自我评价—焦虑"这个原则,是鉴别完美主义最有效的做法。

面对这一切,解决之道绝对不在于任何心理疗法,如冥想、正念,以求"消灭或改正"完美主义;相反地,正确的解法在于善加利用完美主义这个驱动力,帮助自己不断向前,以成就未来的你。然而,我们需要降低完美主义带来的心理压力,才能在有限的负担下,继续维持生活的平衡。

要做到这一点,**我们不得不勇敢面对自己生命中的不美好**。面对它、放下它、包容它、释放它。跟过去每一个时刻的自己站在一起,承认所有缺陷都是自己的一部分,包括各种情绪,如愤怒、贪婪、恐惧、软弱,等等,这些全都来自人性,一点也不可耻。只有接纳自己的所有面向,你的心才能安住在"当下",而不会因为对现在或未来的无限期待而永远感到不满足。

正如第三章、第四章所提及的,唤醒你生命中的力量,找到你的贵人与人生闪亮点,丰富你的生命,并且加强与社会的联结,增加生活乐趣,让你的每一分每一秒活得更值得,你的自我评价自然会提升。

安顿好心中的缺憾、修补每一道伤痕、了解到此时此刻的自己已经足够好了,无须翼望一个遥远未来里高不可攀的梦想。这才是驯化你身上完美主义的关键。愿我们的旅途能少一点挣扎与折磨,共同迈向更轻松自在的人生。

图书在版编目（CIP）数据

自我囚禁的人：完美主义的心理成因与自我松绑 / 陈俊钦著. -- 合肥 : 安徽人民出版社，2024. 10.
ISBN 978-7-212-11752-8

Ⅰ．B848.6

中国国家版本馆CIP数据核字第20247HJ362号

本书中文简体字版权由精诚资讯股份有限公司/悦知文化经由锐拓传媒授予杭州蓝狮子文化创意股份有限公司出版其中文简体字平装本版本。该出版权受法律保护，未经书面同意，任何机构与个人不得以任何形式进行复制、转载。

项目合作：锐拓传媒 copyright@rightol.com

自我囚禁的人：完美主义的心理成因与自我松绑
ZIWO QIUJIN DE REN: WANMEI ZHUYI DE XINLI CHENGYIN YU ZIWO SONGBANG

陈俊钦　著

责任编辑：程　璇
责任印制：董　亮
装帧设计：袁　园

出版发行：安徽人民出版社 http://www.ahpeople.com

地　　址：合肥市蜀山区翡翠路1118号出版传媒广场8楼

邮　　编：230071

电　　话：0551-63533259

印　　刷：杭州钱江彩色印务有限公司

开本：880mm×1230mm　1/32　　印张：7.625　　字数：138千
版次：2024年10月第1版　　2024年10月第1次印刷

ISBN 978-7-212-11752-8　　　　　　　　　　定价：59.00元

版权所有，侵权必究